RECUEIL DE NOTES

SUR LES ABUS INTRODUITS

DANS

LA PEINTURE EN BATIMENT,

AINSI QUE DANS LA DORURE,

LA TENTURE ET LA VITRERIE,

AVEC LES MOYENS DE LES PRÉVENIR ET DE LES FAIRE CESSER;

**Accompagné d'un Mode de métrage, pour chacun de ces travaux,
et de leurs prix**

(OUVRAGE AUSSI UTILE AUX PERSONNES QUI LES FONT EXÉCUTER QU'A CELLES QUI LES ENTREPRENNENT);

SUIVI D'UN RÈGLEMENT D'OUVRIERS,

PAR LECLAIRE,

Peintre en bâtiment du Ministère des Travaux publics et de celui de la Guerre, de la Banque de France,
de plusieurs Compagnies de chemins de fer et d'autres administrations.

PARIS,

CARILIAN-GOEURY ET DALMONT, Libraires, quai des Augustins, n°s 39 et 41;
BOUCHARD-HUZARD, rue de l'Éperon, n° 7;
BASOT-RIBOUS, Libraire, rue des Grès, n° 10;
BARNOUT, Métreur, rue de la Victoire, n° 28.

1841

AVERTISSEMENT.

A une époque où la concurrence met tous les chefs d'industrie dans la nécessité de faire les plus grands efforts pour produire beaucoup en dépensant peu, où le consommateur n'est pas toujours satisfait des produits qui lui sont offerts, malgré le bon marché dont cette concurrence semble le faire jouir, nous avons pensé que le présent recueil de notes sur les abus introduits dans la Peinture, la Dorure, la Tenture et la Vitrerie, accompagné d'un mode de métrage de ces divers travaux, serait peut-être accueilli favorablement.

Les travaux de cette nature ont pris une telle extension, qu'ils sont devenus aujourd'hui de première nécessité ; car le goût actuel contraint en quelque sorte à renouveler de grandes dépenses à chaque changement de location.

Ce fréquent renouvellement de dépenses a dû naturellement porter chacun à ne payer que le meilleur marché possible et à rechercher la concurrence ; mais la concurrence, qui n'aurait dû avoir pour résultat que de faire produire à *bon marché, bien et vite,* a, au contraire, par suite de l'insatiabilité que l'on a du bon marché, donné naissance à la fraude (1).

Dans toutes les industries la concurrence est grande, mais dans la peinture elle est poussée à l'extrême ; car la facilité avec laquelle on peut y former un établissement, au lieu de ne favoriser que l'intelligence, permet souvent à la cupidité de l'exploiter, et de soutenir la lutte avec d'autant plus d'avantage qu'en employant des matières inférieures (qui, pour la cupidité, sont toujours de la meilleure qualité) et en faisant exécuter les travaux à la tâche elle est parvenue à réaliser des bénéfices assez grands pour amener la concurrence sur un terrain où les entrepreneurs qui ont à cœur de traiter loyalement les affaires ne peuvent se soutenir sans compromettre gravement leurs intérêts. On devrait donc, pour détruire les effets d'une telle concurrence, non moins préjudiciable aux propriétaires qu'aux entrepreneurs, ramener

---

(1) Certaines administrations ayant reconnu que la fraude avait été portée au dernier point dans les travaux de bâtiment ont senti la nécessité d'insérer dans les cahiers des charges que les soumissions au meilleur marché ne seront pas toujours celles qui auront la préférence.

Plusieurs architectes ayant reconnu que la surveillance des travaux qui s'exécutent le dimanche était en quelque sorte nulle, et s'étant aperçus que la fraude en profitait pour se donner un libre cours, se proposent d'introduire, dans le cahier des charges des administrations auxquelles ils sont attachés, une clause qui interdirait tout travail les jours fériés.

la question sur un terrain plus solide, dont les limites fussent mieux déterminées, et démontrer qu'en général on n'a de marchandise que pour son argent : or, pour être bien servi, il faut payer les choses ce qu'elles valent.

Si quelquefois on craint que les matières employées pour les travaux ne soient pas de première qualité ou des qualités convenues, on ne doit pas moins se méfier du mode de métrage ; car, bien que le mètre soit la même mesure pour tous, il peut arriver que, selon la manière dont les choses sont présentées dans les mémoires, il se trouve de très-grandes différences aussi bien en faveur de l'entrepreneur qu'à son préjudice.

Pour prévenir tous ces inconvénients, on a souvent eu recours aux marchés en bloc et à forfait ; mais ces sortes de marchés, qui avaient paru répondre aux besoins, sont venus démontrer, par les nombreux procès qui s'en sont suivis, qu'ils avaient presque toujours pour résultat de léser les intérêts de l'une des parties contractantes ; placé dans cette fâcheuse alternative, on a bientôt reconnu que les séries de prix, tout incomplètes qu'on les présente, devaient encore être préférées.

En présence du déplorable état de choses signalé par tout ce qui précède, il serait à désirer que chacun, dans sa spécialité, fît tous ses efforts pour porter remède au mal, en dotant l'industrie du bâtiment d'un mode d'exécution des travaux qui réunît la solidité au bon goût, de prix exacts de base pour en établir l'évaluation, et enfin d'un mode de métrage uniforme.

En publiant nos notes, il n'est pas entré dans notre pensée de pourvoir à tous les besoins, mais bien d'appeler l'attention sur la nécessité d'agiter cette grave question ; et si, de la publication de ces notes, il pouvait résulter quelque amélioration qui rendît le fardeau de la concurrence moins lourd pour le producteur et l'embarras moins grand pour le consommateur, nous nous féliciterions d'y avoir contribué pour quelque chose.

En prenant connaissance de la table des matières, on aura une idée générale de la nature et du plan de cet ouvrage.

PEINTURE.

OBSERVATIONS.

PEINTURE A L'HUILE.

Les bases principales de la peinture à l'huile sont l'huile, la céruse, l'ocre rouge, la jaune, et le noir de charbon; les autres couleurs, l'essence, ainsi que divers ingrédients, les complètent.

La solidité de la peinture à l'huile dépend entièrement de l'huile; on doit donc, partout où il est possible de le faire, employer l'huile avec abondance.

Les peintures à une, à deux et à trois couches (tant sur objets neufs que sur objets vieux), que l'on ne vernit pas, doivent contenir, à l'intérieur comme à l'extérieur, une assez grande quantité d'huile pour rester brillantes après la dernière couche donnée.

Le brillant doit en être tel que, si l'on passait du vernis sur la peinture faite, il n'y eût pas de différence sensible du brillant de l'une avec celui de l'autre; dans le cas contraire, ce serait la preuve que l'huile a été mélangée d'essence en plus grande quantité qu'il n'est nécessaire.

Il est cependant des endroits où il faut employer l'huile avec ménagement, notamment pour les peintures en tons clairs que l'on fait dans les salons, chambres à coucher, boudoirs et autres pièces analogues, où le mat que le bon goût fait rechercher ne s'obtient que par la grande quantité d'essence que l'on y emploie; aussi n'ont-elles pas la même solidité que les autres, et l'eau seconde dont on se sert pour les nettoyer les altère-t-elle très-facilement (souvent même malgré le plus grand soin apporté au lessivage), tandis qu'elle n'exerce aucune action sensible sur les peintures qui sont bien nourries d'huile (1).

Les peintures que l'on veut vernir doivent être faites, comme les peintures mates, avec beaucoup d'essence; autrement, le vernis se gercerait promptement.

S'il est important que les peintures à l'huile soient faites comme nous venons de l'indiquer, il ne l'est pas moins, pour que la solidité soit complète, que la céruse soit de première qualité, et que le nombre *convenu* de couches, selon les circonstances, soit donné.

Pour être certain d'avoir de la céruse de première qualité, ainsi que le nombre convenu de couches, les moyens que nous allons indiquer sont préférables à toutes les pesées de la

---

(1) A la campagne, où le grand air détruit l'huile avec une promptitude incroyable, il est encore plus indispensable qu'à la ville de l'employer en abondance; aussi peut-on même, pour les peintures mates d'intérieur (de salon et autres pièces que nous avons indiquées ci-dessus), mettre une certaine quantité d'huile, ce qu'il n'est pas possible de faire à la ville, par la raison que les peintures en ton clair, qui y sont presque toujours privées d'air, changeraient de ton en très-peu de temps.

couleur (même au moment de son emploi), au broyage de ces mêmes couleurs dans l'atelier (*où s'exécutent les peintures*) et à toutes les conditions si rigoureuses introduites dans les cahiers des charges, conditions qui ont si fortement mis en jeu les intelligences dans la recherche des moyens de les éluder (1).

En procédant comme nous allons l'indiquer, les soins qu'il faudrait prendre pour que la céruse falsifiée offrît des bénéfices réels seraient tellement minutieux, qu'il y aurait avantage pour l'entrepreneur à employer la céruse de première qualité, dont le résultat est toujours parfait.

MOYENS DE PRÉVENIR LES MÉLANGES DE CORPS ÉTRANGERS AVEC LA CÉRUSE

ET DE RECONNAITRE SI LE NOMBRE CONVENU DE COUCHES SERA DONNÉ.

Pour arriver à ce but, il faudra, si l'on peint à trois couches, donner à la première couche, et quelquefois même à la seconde, un des tons que nous indiquons ci-dessous, tons qui ne peuvent avoir aucune influence sur la perfection des peintures, puisqu'ils ne représentent, en quelque sorte, que celui d'une ancienne peinture que l'on renouvelle (2).

Quand on veut peindre à trois couches en *gris perlé*, *gris de lin*, *lilas*, *vert d'eau*, *granit rose et autres tons analogues*, la première couche doit être donnée en couleur de pierre foncée, et les deux autres dans le ton convenu, aussi bien sur les panneaux que sur les champs (si les peintures sont de deux tons).

Quand on veut peindre à trois couches en *bleu clair*, en *blanc mat*, en *ton chamois*, en *rose clair*, en *ton beurre frais*, en *ton paille*, en *ton tibet*, en *marbre blanc*, en *bois de citron*, *d'érable*, *de marronnier*, *de platane*, *de sapin et autres tons analogues*, la première couche doit être donnée en blanc et les deux autres dans le ton convenu, aussi bien sur les panneaux que sur les champs (si les peintures sont de deux tons).

Quand on veut peindre à trois couches en *noir*, en *brun*, en *bleu foncé*, en *vert foncé*, en *bronze*, en *marbre*, en *granit et autres décors dont les fonds sont dans les tons ci-dessus ou autres tons analogues*, la première couche doit être donnée en blanc, la deuxième en gris ardoise et la troi-

(1) En parlant d'intelligence, nous regrettons d'avoir à dire que nous n'avons pu obtenir une bonne exécution dans les travaux de peinture d'*impression* à la tâche; nous avons remarqué qu'en remplaçant chez l'ouvrier l'amour de son état par l'appât du lucre nous appelions son intelligence ailleurs que vers la perfection.

Que n'aurions-nous pas à dire aussi de l'effet que produisent sur les intelligences les marchés pour travaux exécutés en bloc et à forfait, qui ont non-seulement le grave inconvénient de faire disparaître autant d'éditeurs responsables qu'il y a de corps d'état, pour n'en conserver qu'un seul, mais encore de mettre, par leurs restrictions, d'honnêtes entrepreneurs généraux ou sous-traitants dans la *triste ressource* d'avoir recours à des moyens d'économie de toute espèce qui leur répugnent, et dont les résultats passés ou à venir en diront plus que nos courtes réflexions?

(2) Il est, en outre, de la plus grande importance que la première couche soit donnée à l'huile; car, si elle était donnée à la colle, bien que le résultat des peintures achevées soit exactement le même en apparence immédiatement après leur exécution, ces peintures n'auraient pas, à beaucoup près, la même solidité.

Afin donc de s'assurer si cette première couche a été donnée à l'huile, il suffira de mouiller et de frotter un peu fort : si elle résiste, ce sera de l'huile, et alors on n'aura plus à craindre que les deux autres couches (*puisqu'une seule serait insuffisante pour couvrir cette première*) ne soient pas données comme il convient, c'est-à-dire en céruse de première qualité.

siéme dans le ton convenu; et, pour les travaux de premier ordre, la première couche doit être donnée en blanc et les deux autres dans le ton convenu.

Quand on veut peindre à trois couches en *couleur de bois d'un ou de deux tons, en bois de palissandre, d'orme, de chêne, d'Amboine, d'acajou, de noyer et autres tons analogues*; la première couche doit être donnée en gris ardoise foncé et les deux autres dans le ton convenu.

Quand on veut peindre à trois couches en *couleur de pierre, coupe de pierre, granit jaune, marbre jaune de Sienne, jaune antique, brèche d'Alep, brocatelle et autres tons analogues*, la première couche doit être donnée en gris perle et les deux autres dans le ton convenu.

Quand on ne veut peindre qu'à deux couches sur objets vieux, le moyen de contrôle se trouve être le même que celui des peintures à trois couches : en effet, l'ancien fond étant généralement différent de celui des peintures nouvelles que l'on veut faire, il équivaut alors aux divers tons que nous avons proposé de donner à la première couche pour les peintures à trois couches. De plus, les derrières de volets, les intérieurs de portes d'armoire et de cabinet ou toute autre partie cachée, et même les pièces de peu d'importance, auxquelles, en pareil cas, une couche généralement suffit, pourront servir de point de comparaison avec les peintures à deux couches.

Quand on ne veut peindre qu'à une couche, il nous paraît suffisant de dire que, pour obtenir un bon résultat, même avec la céruse *de première qualité*, il faut toujours se rapprocher le plus possible de l'ancien ton (1).

Pour les fonds de décors, tels que bois, marbres, bronzes, granits chiquetés et jaspés, le rebouchage peut aussi servir à reconnaître si le nombre *convenu* de couches sera donné : pour y parvenir, le rebouchage devra être fait avant de donner la dernière couche, qui, dans ce cas, peut toujours suffire pour couvrir les mastics.

NOTA. Les moyens précédents, étant bien appliqués, donnent la certitude de s'assurer du nombre convenu de couches pour l'exécution des travaux ; mais, s'il arrivait néanmoins qu'il restât quelque doute sur la qualité des matières qui y auraient été employées, on pourrait soumettre à une simple analyse chimique plusieurs parties de ces peintures grattées dans quelques endroits.

Cette analyse, tout aussi facile que celle faite de la couleur en vase, démontrera, de la manière la plus positive, non-seulement s'il n'a pas été employé de colle de peau ou de pâte pour remplacer l'huile, mais encore si la céruse est bien de la même qualité que celle que livrent au commerce les meilleures fabriques (2).

ENCOLLAGE. — L'encollage ne doit jamais être appliqué pour recevoir la peinture à l'huile, pas plus sur les plâtres que sur les boiseries, même celles qui seraient grattées; cependant on peut l'admettre sur les moulures en sapin seulement de boiseries neuves ou grattées, dans le but d'obtenir un ponçage plus parfait; mais ce ponçage doit faire disparaître l'encollage presque entièrement, pour que l'huile s'imprègne dans les pores du bois; et, dans ce cas, l'encollage fait partie du prix des peintures.

---

(1) Le mélange de corps étrangers en petite quantité pour falsifier la céruse est aussi difficile à reconnaître dans les vases, même par l'homme du métier, que l'est le nombre de couches données lorsque les peintures sont achevées.

La céruse de première qualité, délayée soit avec beaucoup d'huile, soit avec beaucoup d'essence, n'est jamais pâteuse sur la brosse, ni cordée après l'emploi : elle n'a jamais besoin d'être délayée épaisse pour donner un excellent résultat aussi bien à une qu'à deux et à trois couches, sur objets vieux comme sur objets neufs.

Les peintures faites à la céruse de première qualité délayée avec beaucoup d'huile conservent longtemps leur fraîcheur au grand air et même à l'intérieur. Les gris et les bleus clairs, par exemple, n'ont pas l'inconvénient de prendre une nuance tirant sur le vert, et les tons pierre une nuance très-foncée, comme si une certaine quantité de noir était entrée dans la composition de leur teinte.

(2) Sans mélange de *sulfate de plomb*, de *baryte*, de *carbonate de chaux*, etc., et ce, d'une quantité appréciable

OBSERVATIONS SUR LA PEINTURE.

VERNIS.

La propriété des vernis étant de conserver le ton des couleurs, il est bien à regretter que, jusqu'à ce jour, on n'ait pu atteindre à un degré de solidité satisfaisant dans leur fabrication. A l'extérieur, sur les fonds noirs surtout, on est à même de juger de leur prompte décomposition par la crasse blanche qu'ils y laissent : cette crasse est presque inaperçue sur les fonds clairs ; cependant elle n'en existe pas moins : il est inutile de dire que ce n'est pas le grand nombre de couches de vernis qui l'empêcherait de se décomposer.

Le vernis anglais, *dont le prix est très-élevé, et qui a le grave inconvénient d'être plus d'une journée à sécher,* est celui qui, jusqu'ici, a été préféré aux autres, surtout à l'extérieur, en raison de la plus longue durée qu'on lui attribue (1).

PEINTURE A LA COLLE.

Les bases principales de la peinture à la colle sont la colle de peau et le blanc de Meudon (*appelé vulgairement blanc d'Espagne*); la céruse et le blanc d'argent ne peuvent y être employés avec avantage, même pour le blanc mat, attendu que le contact de l'air les ferait jaunir très-promptement l'un et l'autre, *ce qui n'a pas lieu avec le blanc de Meudon.*

La peinture à la colle n'est pas sujette aux mêmes contestations que celle à l'huile, tant pour les mélanges que l'on peut y faire que pour le nombre de couches que l'on est convenu de donner; sa solidité dépend de la plus ou moins grande quantité d'eau que l'on mêle à la colle.

Les plafonds, étant hors de toute atteinte, n'ont besoin que d'être faiblement collés, tandis que les murs et les boiseries, qui sont exposés à tous les contacts, ont besoin de l'être beaucoup. Pour obtenir ce dernier résultat, toutes les teintes doivent être ressuyées en une pâte très-ferme (*à l'état de mastic*), de manière à ne pas y laisser d'eau, *l'eau étant à la colle ce que l'essence est à l'huile pour le peu de solidité.*

Pour faire de belles peintures à la colle à deux ou trois couches sur objets vieux, grattés ou non, il est indispensable de donner un lait de chaux; on sait généralement que la chaux a la propriété d'assainir les localités où l'on en fait usage; mais, ce que beaucoup de personnes ignorent, c'est qu'il n'est pas possible de peindre à la colle une couche sur un lait de chaux. Ainsi, quand on voudra s'assurer si le nombre convenu de couches sur objets vieux a été donné, il suffira de reconnaître l'application de ce lait de chaux, qui pourrait même, au besoin, en l'employant sur des plâtres neufs, servir à reconnaître si les deux couches convenues ont été données.

Il y a des localités de peu d'importance dans lesquelles on ne peint les plâtres qu'à une couche, mais aussi les pores de ces plâtres ne sont-ils jamais remplis parfaitement.

NOTA. Il arrive souvent que, pour recevoir des peintures à la colle, on donne une couche de peinture à l'huile aux plâtres et aux bois; mais on ne doit employer ce moyen que dans les endroits où il n'est pas à craindre que l'humidité s'introduise; autrement l'huile, qui empêche les plâtres et les bois d'absorber l'humidité, la ferait séjourner sur la peinture, et hâterait ainsi la décomposition de la colle : il ne faut pas être peintre pour être frappé des effets produits par l'humidité dans les endroits où il existe de l'huile sous la colle, effets qui sont si visibles notamment par les temps de dégel.

Les mêmes effets se produisent sur les crevasses en plâtre neuf auxquelles on donne quelquefois une couche d'huile avant de peindre à la colle pour arrêter l'humidité; mieux vaudrait, dans ce cas, donner cette couche sur toute la surface, car alors on éviterait toutes les taches partielles qui en sont toujours la conséquence.

---

(1) Nous avons employé très-souvent, et toujours avec avantage, un vernis fabriqué par M. FEASSR (*dont la réputation, comme peintre en équipages, est suffisamment établie*), qui peut rivaliser avec le vernis anglais et qui ne coûte que moitié du prix de ce dernier.

MODE

DE MÉTRAGE ET D'ÉVALUATION DE LA PEINTURE.

Après avoir indiqué les moyens de reconnaître si les travaux de peinture ont été faits conformément aux conventions, il nous reste à présenter aussi un MODE DE MÉTRAGE ET D'ÉVALUATION des objets, soit en surface, en linéaire ou à la pièce (1), auquel il convient de ne pas attacher moins d'importance qu'à tout ce qui précède. Sans déroger à l'usage, nous avons cherché à rendre et à présenter les choses de la manière la plus claire possible : pour y parvenir, nous comprenons, avec les peintures à l'huile et à la colle, tous les apprêts ordinaires ainsi que les réchampissages de deux tons, et avec les décors nous comprenons les couches de fond, les apprêts ordinaires, et de plus les vernis pour les bois, les marbres, les bronzes et les granits chiquetés ; et, pour qu'il n'y ait pas de confusion possible, nous adoptons pour la peinture les deux dénominations suivantes :

Peinture sur **OBJETS NEUFS**,

Peinture sur **OBJETS VIEUX**.

Nous entendons, par OBJETS NEUFS, toutes les parties de plâtre, de pierre, de bois ou de métal qui n'auraient pas encore été peintes ; et, par OBJETS VIEUX, toutes les parties de plâtre, de pierre, de bois ou de métal qui l'auraient déjà été.

Dans le premier cas (*sur objets neufs*), se trouvent compris, avec les couches de fond, les égrenages, les époussetages, les rebouchages et les ponçages à sec, à la ponce ou au papier de verre.

Dans le deuxième cas (*sur objets vieux*), se trouvent compris, avec les couches de fond, les époussetages, les lavages, les grattages de colle ou de papier (2) (*sur parties unies seulement*), les lessivages (*avec léger grattage*) (3), les rebouchages et les ponçages à sec.

Les apprêts que nous nommons APPRÊTS EXTRAORDINAIRES sont les grattages de colle sur moulures et sculptures, les grattages d'huiles ou de détrempes vernies, sur parties unies, sur moulures et sur sculptures ; les brûlages, les enduits et les ponçages à l'eau : ces apprêts (*qui sont les seuls*), que nous n'avons pu comprendre dans les prix des peintures en raison des minutieux détails qu'ils auraient exigés, seront métrés à part (lorsqu'il en sera fait), et comptés suivant leur nature, d'après les prix du tarif, excepté les enduits en mastic à l'huile (*sur parties unies seulement*), lorsqu'ils seront faits pour recevoir des bois, des marbres ou des bronzes ; car nous les avons compris avec ces peintures. (*Voir les ouvrages en décors, pages 27 et 28.*)

---

(1) Les objets en surface sont les plafonds et les corniches, les parquets et les carreaux bas, les murs, les boiseries de toute espèce, et autres objets analogues.

Les objets en linéaire sont les barreaux (*de rampes, de grilles et autres*), les plinthes, les moulures *réchampies*, et autres objets analogues.

Les objets à la pièce sont les ferrures de toute espèce ou autres objets dont les formes, les dimensions et la valeur sont analogues aux pièces de ferrure.

(2) Nous confondons ensemble les grattages de colle ou de papier, quoique souvent ce dernier soit plus coûteux que l'autre pour l'entrepreneur.

(3) Les anciennes peintures, soit à l'huile, soit à la colle, que l'on renouvelle et qu'on ne ponce pas, ont besoin d'être grattées légèrement après le lessivage ou le lavage, pour enlever les plus grosses aspérités qui se trouvent sur la surface des objets. Cette opération a pour but, en rendant les objets plus unis, d'empêcher que la malpropreté ne s'y attache aussi facilement, et d'éviter que sous la main ils ne produisent l'effet d'une râpe.

MODE DE MÉTRAGE

MÉTRAGE DES OBJETS EN SURFACE.

La peinture unie ou en décors des objets en surface (*neufs ou vieux*) sera comptée au mètre superficiel, compris tous les apprêts ordinaires.

PARTIES UNIES. — Les parties unies, ainsi que les feuillures de toute espèce et les épaisseurs des portes, des croisées et des volets, seront mesurées suivant leurs dimensions réelles, *sans aucun usage*.

PARTIES ORNÉES DE MOULURES. — Les parties ornées de moulures seront mesurées, sans avoir égard aux moulures (*si elles sont peintes du même ton*), et le surplus du développement de ces moulures (*compris leur saillie*) ne sera compté que lorsque leur profil développé aura 3 centimètres de plus que leur largeur (1).

Il en sera de même des saillies de pilastres, de bandeaux, de champs et de retraite, qui ne seront comptées que lorsqu'elles auront plus de 2 centimètres de largeur.

OBJETS SCULPTÉS. — Les objets sculptés, détachés ou isolés, seront mesurés suivant les dimensions réduites de leurs formes, sans développer les refouillements ni les saillies des détails qui les composent, et comptés à 6 fois des parties unies.

Lorsque parmi les objets sculptés il se trouvera des parties unies ayant plus de 0,20 centimètres carrés ou de diamètre, elles seront déduites suivant leur surface plane, et comptées ensuite au double seulement de leur surface réelle; mais, dans le cas où l'irrégularité de leur forme ne permettrait pas de les mesurer avec exactitude, elles ne seront déduites que suivant la surface des carrés, des parallélogrammes ou des cercles qui pourront y être inscrits, et comptées ensuite au double seulement de cette surface.

(*Voir la figure placée à la suite du métrage de la dorure, page 72, où le tracé de cette opération est indiqué.*)

Lorsque la majeure partie des détails des objets sculptés présentera des saillies ou des refouillements de plus de 15 millimètres, l'évaluation ci-dessus (6 *fois des parties unies*) sera augmentée, en raison de la nature des ornements, d'une quantité qui, cependant, ne pourra pas excéder 15 fois les parties unies.

PARTIES ORNÉES DE SCULPTURES. — Les parties ornées de sculptures ou d'ornements et carton-pierre seront mesurées sans avoir égard aux sculptures ni aux ornements (*s'ils sont peints du même ton*); mais ensuite, ces sculptures ou ces ornements seront mesurés suivant la surface plane qu'ils occupent sur les objets où ils sont placés, et comptés en plus-value à 5 fois cette surface plane, toutefois après en avoir déduit les parties unies qui auront plus de 15 centimètres carrés ou de diamètre, et ce de la même manière que pour les parties unies parmi les objets sculptés ci-dessus, pour ne les compter ensuite qu'à *une fois* seulement en plus-value.

(*Voir le renvoi (1) de la page 9 pour déterminer la surface plane des panneaux d'ornements sculptés.*)

---

(1) Il est bien entendu que les corniches et autres objets analogues ne peuvent être mesurés autrement que suivant le développement de leur profil (*bien qu'ils ne soient composés que de moulures*).

Lorsque la majeure partie des détails des panneaux d'ornements sculptés présentera des saillies ou des refouillements de plus de 15 millimètres, la plus-value ci-dessus (5 *fois la surface plane*) sera augmentée, en raison de la nature des ornements, d'une quantité qui, cependant, ne pourra pas excéder 14 fois la surface plane.

DÉDUCTION DES VITRES. — Toutes les vitres seront déduites des parties peintes, *en réservant, toutefois, 10 centimètres, tant sur la hauteur que sur la largeur, pour les épaisseurs des petits bois et la plus-value des réchampissages* (1).

PERSIENNES. — Les persiennes ordinaires seront comptées à 3 faces pour deux (*ainsi que l'usage l'accorde*), sans développer les épaisseurs; mais, comme leur surface réelle n'égale pas cette évaluation, la différence en sera compensée par la peinture de toutes les ferrures saillantes ou détachées servant à leur maintien, lesquelles ne seront pas comptées, non plus que la dépose et la remise en place des persiennes.

Lorsque les persiennes ne seront que lessivées, la dépose et la repose seront comptées en plus.

PEINTURES DE DEUX TONS. — Ces peintures ne seront comptées pour deux tons que lorsqu'elles seront faites sur des parties ornées de moulures; mais, lorsqu'elles seront faites sur des parties unies, telles que murs d'escaliers, de vestibules ou tous autres endroits, elles ne seront comptées que d'un seul ton; et, dans ce cas, chaque côté de réchampissage, de champ, d'encadrement ou de compartiment figurés sera compté en plus-value, au prix indiqué au tarif, *page 45.* Cette plus-value ne comprend aucun prix de tracé (2).

(*Voir, page 15, à l'article* MOULURES RÉCHAMPIES, *les parties qui doivent être comptées en linéaire parmi les peintures de 2 tons.*)

(1) En faisant cette réserve de 10 centimètres (*au lieu de 5 centimètres, que l'usage accorde*), nous n'avons fait qu'un pas vers la vérité.

(2) Dans les pièces où il est décidé que les peintures seront réchampies de deux tons, il ne sera fait et compté deux tons sur les ébrasements de croisées et les baguettes d'angles, sur les derrières de volets et caissons, sur les ébrasements unis des portes, sur les intérieurs de portes d'armoires et sur toute autre partie analogue, qu'autant que les deux tons auront été expressément ordonnés sur ces objets.

Les frises avec leurs cimaises pourraient aussi n'être faites que d'un seul ton, et préférablement de celui des champs, attendu que ces parties basses se salissent toujours assez vite.

Les croisées ne seront comptées à deux tons que lorsque le dormant sera d'un ton différent de celui des châssis.

Dans les endroits où les peintures seraient en décors, il ne sera fait et compté de décors sur les derrières de volets et caissons, sur les intérieurs de portes d'armoires, et sur tous les objets analogues qui ne sont pas exposés à la vue, qu'autant que ces décors seront expressément ordonnés pour ces objets.

RÉCHAMPISSAGE D'ORNEMENTS EN BLANC D'ARGENT (1).

Aucune règle n'ayant été suivie jusqu'à ce jour pour le métrage de ces sortes de travaux, il a pu arriver souvent qu'ils aient été payés d'après la demande plus ou moins élevée qui en a été faite ; mais, désirant toujours les mesurer et les compter de la même manière, nous les divisons en deux classes que nous nommons :

L'une, ORNEMENTS RÉCHAMPIS EN PLEIN;

L'autre, ORNEMENTS RÉCHAMPIS A JOUR.

ORNEMENTS RÉCHAMPIS EN PLEIN.

Nous entendons, par ornements RÉCHAMPIS EN PLEIN, les ornements de tout genre dont les détails et les fonds sont peints de la même couleur et dont les contours seulement sont réchampis.

Les ornements sculptés ou en carton-pierre, *réchampis en plein*, seront mesurés suivant les dimensions réduites de leur forme ou suivant leur profil, si ce sont des moulures, sans développer les refouillements ni les saillies des détails qui les composent, et comptés au mètre superficiel ainsi qu'il suit :

Les parties détachées ou isolées, de forme régulière ou irrégulière, dont les dimensions ne seront pas plus grandes que celles indiquées dans le tableau suivant, seront considérées comme *petites parties*, et comptées d'après les évaluations en millimètres superficiels indiquées à ce tableau.

TABLEAU DES ÉVALUATIONS DES PETITES PARTIES
(*en millimètres superficiels*).

dimensions.	3c	6c	9c	12c	15c	18c	21c	24c	27c	30c	33c
3c	4	7	10	12	14	16	18	20	21	22	23
6c		8	11	14	16	18	20	22			
8c			12	15	18	21	23				
12c				17	20	23					
15c					23						

OBSERVATIONS.

Les petites parties dont les dimensions sont intermédiaires à celles indiquées dans le tableau ci-contre seront comptées aux mêmes évaluations que les parties dans les dimensions desquelles elles pourront être inscrites.

Les petites parties rondes ou ovales seront comptées aux mêmes évaluations que les parties carrées ou rectangulaires dans les dimensions desquelles elles pourront être inscrites.

Les parties détachées ou isolées, ainsi que les moulures sculptées qui seront plus longues que les petites parties désignées dans le tableau ci-dessus, et qui n'auront pas plus de 0,15ᶜ de largeur ou de profil, seront considérées comme *parties linéaires*, et comptées ainsi qu'il suit :

	de 0 à 3 centimètres de large		sur 7 centimètres courants.
	de 3 à 6 — —		sur 9 — —
Les parties........	de 6 à 9 — —	seront comptées....	sur 11 — —
	de 9 à 12 — —		sur 13 — —
	de 12 à 15 — —		sur 15 — —

---

(1) Les réchampissages en blanc d'argent sur moulures et ornements se font toujours après l'entier achèvement des peintures.

NOTA. Lorsque les moulures ornées de feuilles, les rais de cœur, les perles, les perles et pirouettes, les oves et autres parties analogues seront réchampis seulement suivant les sinuosités des deux rives, ces objets doivent toujours être considérés et comptés comme ornements réchampis en plein.

Les parties dont les dimensions seront plus grandes que celles indiquées dans le tableau des petites parties, page 8, et qui auront aussi plus de 0,15 centimètres de largeur ou de profil, seront considérées comme *grandes parties*, et comptées suivant la surface obtenue par les dimensions réduites de leurs formes.

Les ornements réchampis en plein, dont la majeure partie des détails présenterait des saillies et des refouillements de plus de 15 millimètres, seront comptés d'abord suivant leur surface, sans avoir égard aux refouillements, pour lesquels on ajoutera un sixième en sus.

Lorsque, parmi les ornements réchampis en plein, il se trouvera des parties unies qui auront plus de 0,20 centimètres carrés ou de diamètre, elles en seront déduites suivant la dimension réduite de leur surface plane, et comptées ensuite d'après leur surface réelle au tiers des ornements réchampis en plein.

ORNEMENTS RÉCHAMPIS A JOUR.

Nous entendons, par ornements *réchampis à jour*, les ornements de tout genre dont tous les détails sont réchampis d'une autre couleur que les fonds sur lesquels ils se trouvent.

Les ornements *réchampis à jour* seront mesurés suivant les dimensions réduites de la surface plane (1) que les motifs occupent sur les objets où ils sont placés, ou suivant leur profil si ce sont des moulures, sans ajouter aucune plus-value pour les refouillements ni pour les saillies des détails qui les composent, et comptés ainsi qu'il suit :

Les parties réchampies à jour de forme régulière ou irrégulière, détachées ou isolées, dont les dimensions de la surface plane ne seront pas plus grandes que celles indiquées dans le tableau des petites parties, page 8, seront considérées comme *petites parties*, et comptées d'après les évaluations en millimètres superficiels indiquées à ce tableau.

NOTA. Il est inutile de dire que les petites parties ne doivent être considérées et comptées comme ornements réchampis à jour que lorsque les détails qui les composent sont réellement réchampis à jour.

Les branches de feuilles, les brindilles, les postes, les rinceaux, les broderies, les guillochis et tous les ornements analogues, détachés ou isolés, qui seront plus longs que les petites parties désignées dans le tableau page 8, et qui n'auront pas plus de 0,15 centimètres de largeur, seront considérés comme *parties linéaires,* et comptés sur le même nombre de centimètres courants que les parties linéaires réchampies en plein.

Les panneaux ou motifs d'ornements réchampis à jour, dont les dimensions seront plus grandes que celles indiquées dans le tableau page 8, et qui auront aussi plus de 0,15 centimètres de largeur, seront considérés comme *grandes parties*, et comptés suivant la surface obtenue par leurs dimensions réduites.

Lorsque, parmi les ornements réchampis à jour ou entre les ornements et les lignes qui déterminent la surface des motifs, il se trouvera des espaces qui auront plus de 0,10 cen-

---

(1) Nous déterminons les dimensions de la surface plane des panneaux ou motifs d'ornements sculptés réchampis à jour, par des lignes droites supposées menées de chaque partie extrême à l'autre du motif, et de manière à l'encadrer. (*Voir la figure placée à la suite du mode de métrage de la dorure, page 72, où le tracé de cette opération est indiqué.*)

timètres carrés ou de diamètre, ils en seront déduits suivant la surface des carrés, des parallélogrammes ou des cercles qui pourront y être inscrits. (Voir la figure placée à la suite du mode de métrage de la dorure, page 72, où le tracé de cette opération est indiqué.)

Lorsque, parmi les panneaux ou motifs d'ornements réchampis à jour, il se trouvera des parties réchampies en plein qui auront plus de 0,15 centimètres carrés ou de diamètre, elles en seront déduites si toutefois la régularité de leur forme permet de le faire avec exactitude ; et dans le cas contraire, comme elles présentent généralement des saillies et des refouillements très-forts et des sinuosités très-multipliées, elles seront comptées avec les ornements à jour ; car nous estimons que l'excédant de superficie de leur forme à leur surface plane, la plus-value des refouillements et le réchampissage compliqué de leurs contours élèvent ces mêmes prix que les ornements réchampis à jour. La guirlande et le cartouche placés dans la figure, page 72, donnent l'exemple de ce que nous avançons.

Lorsque des moulures de cadres, unies ou sculptées, des filets et d'autres parties analogues se réuniront et se confondront avec les ornements des panneaux ou motifs réchampis à jour, ils seront considérés comme faisant partie des ornements réchampis à jour, mesurés et comptés avec ces derniers.

Lorsque, parmi les ornements réchampis à jour, il se trouvera des parties unies qui auront plus de 0,20 centimètres carrés ou de diamètre, elles en seront déduites`, et mesurées ensuite comme il est indiqué à la fin du métrage des ornements réchampis en plein, page 9, pour être comptées au *cinquième* seulement des ornements réchampis à jour.

Lorsque, sur des frises, sur des larmiers de corniches, sur des moulures et sur tout autre objet, il se trouvera des rinceaux, des guillochis et d'autres ornements analogues dont les détails seront très-fins et très-multipliés, et qu'il sera demandé que le réchampissage en soit fait à jour, ces ornements seront comptés moitié en sus des ornements réchampis à jour, et portés aux mêmes prix.

Les ornements réchampis à jour dont la majeure partie des détails présenterait des saillies et des refouillements de plus de 15 millimètres seront comptés le *dixième* en sus des ornements réchampis à jour, et portés aux mêmes prix.

PEINTURES RÉCHAMPIES EN RECOUPEMENT DE DORURE.

NOTA. Les peintures à la colle sont toujours faites en réchampissage, de quelque espèce de dorure que ce soit, tandis que les peintures à l'huile ne sont faites en réchampissage de la dorure que lorsque cette dernière est ancienne ou que la neuve est faite à l'eau.

La peinture en réchampissage de la dorure a beaucoup d'analogie avec la peinture de deux tons ; mais, comme les parties réchampies en recoupement de dorure sont infiniment plus multipliées, nous compterons cette peinture en surface suivant sa nature, et toutes les parties réchampies en lignes droites, courbes ou sinueuses seront comptées en plus-value en linéaire ou en surface, comme il va être dit ci-après.

La peinture faite en réchampissage de la dorure sera mesurée sans avoir égard aux moulures ni aux ornements, et comptée en surface suivant sa nature, toutefois après avoir déduit 1° les parties dorées en plein qui seraient plus grandes que celles indiquées au tableau de la page 8 ; 2° les moulures ou parties linéaires qui auraient plus de 0,03 centimètres de largeur, et qui seraient plus longues que celles indiquées à ce même tableau. La plus-value du réchampissage sera comptée ainsi qu'il suit :

Les réchampissages en lignes droites ou cintrées de chaque côté des moulures ou au pourtour des ornements dorés en plein (1) seront comptés au mètre linéaire, au prix du tarif, pages 23 et 34.

(1) Voir le mode de métrage de la dorure, page 67, pour la définition de la dorure en plein sur les ornements.

Les réchampissages des moulures sculptées ou des ornements dorés en plein seront mesurés de chaque côté ou dans leur pourtour, sans avoir égard aux sinuosités, et comptés à 3 fois des parties droites ou cintrées.

Le réchampissage des ornements dorés à jour (1), tant en petites parties qu'en parties linéaires et en grandes parties, sera mesuré de la même manière et compté (*au mètre superficiel au prix du tarif, pages* 23 *et* 34) aux mêmes évaluations que les ornements réchampis à jour en blanc d'argent (*pages* 9 *et* 10).

Les réchampissages des petites parties dorées en plein, dont les dimensions sont indiquées au tableau page 8, seront comptés au tiers des évaluations qui y sont indiquées, si toutefois leurs contours sont sinueux, et à moitié seulement si leurs contours sont droits ou cintrés.

Lorsque des petites parties détachées, dorées en plein, seront très-approchées les unes des autres, et disposées de manière à pouvoir former ensemble l'équivalent d'une partie dorée à jour, soit en linéaire, comme les œufs d'un cours d'oves, les pirouettes d'un rang de perles ou tous autres ornements analogues, soit en grandes ou en petites parties, elles seront considérées ensemble comme une seule ou plusieurs parties dorées à jour, et le réchampissage sera mesuré et compté de même.

Il est inutile de dire que les parties de peinture qui se trouveront détachées parmi la dorure, et qui auront les mêmes dimensions que les petites parties dorées en plein, seront comptées de la même manière que le réchampissage des petites parties dorées en plein, puisque le réchampissage des unes est exactement le même que celui des autres.

PEINTURES RÉCHAMPIES EN RECOUPEMENT DES APPRÊTS
DE LA DORURE A L'HUILE.

La dorure à l'huile se faisant toujours après la peinture achevée, il n'est dû de plus-value que pour le réchampissage des apprêts, soit de teinte dure ou de détrempe; cette peinture sera mesurée et comptée de la même manière que celle réchampie en recoupement de dorure, excepté que, pour la plus-value du recoupement de ces apprêts, il ne sera alloué que le *quart* du prix de la plus-value en recoupement de dorure, indiqué page 23.

APPRÊTS EXTRAORDINAIRES.

Ainsi que nous l'avons dit plus haut, page 5, les apprêts que nous nommons *apprêts extraordinaires* seront métrés et comptés séparément des peintures pour lesquelles ils auront été faits, excepté les enduits en mastic à l'huile, sur parties unies seulement, quand ils seront faits pour recevoir des bois, des marbres et des bronzes, car nous les avons compris avec ces sortes de peintures.

On est généralement d'accord sur la difficulté d'arriver à une appréciation exacte des grattages et autres apprêts extraordinaires sur les parties ornées de moulures et sur celles qui sont ornées de sculptures : en effet, comment y parvenir lorsque dans une pièce il y a de grands et de petits panneaux, ainsi que des moulures d'un grand et d'un petit développement, ou des sculptures de toute espèce ? La *réduite* ne peut donc être qu'approximative. Pour remédier à cet inconvénient, on a le plus souvent recours aux journées d'attachement; mais la surveillance active que l'on est obligé d'apporter dans ce mode de procéder (*qui est cependant le plus juste*) ne satisfait pas toujours les parties intéressées. Nous n'avons pas la prétention de faire disparaître toute difficulté, mais les moyens que nous emploierons en préviendront beaucoup. A cet effet, tous les apprêts extraordinaires faits sur parties unies, sur moulures ou parties considérées comme telles, et sur sculptures, seront comptés au mètre superficiel et mesurés comme il est dit ci-après.

---

(1) Voir le mode de métrage de la dorure, page 69, pour la définition de la dorure à jour sur les ornements.

GRATTAGE DE COLLE SUR MOULURES. — Le grattage de colle sur moulures sera mesuré suivant la surface réelle des moulures, et compté au mètre superficiel en *plus-value* du prix des peintures sur objets vieux. Nous disons en *plus-value*, parce que, dans le cas où ce grattage de moulures est fait, il se trouve toujours compris, avec les peintures, un grattage de colles sur parties unies.

Le grattage de colle sur les épaisseurs, sur les saillies et sur les plates-bandes jusqu'à 3 centimètres de large, ainsi que sur les feuillures de tout développement, sera toujours considéré comme grattage sur moulures, mesuré de même (*suivant la surface réelle de ces objets*) et compté au même prix.

GRATTAGE DE COLLE SUR SCULPTURES. — Les objets sculptés, grattés, seront mesurés suivant les dimensions réduites de leur forme, sans développer les refouillements ni les saillies des détails qui les composent, et comptés au mètre superficiel en *plus-value* du prix des peintures sur objets vieux.

Les panneaux ou motifs d'ornements sculptés, grattés, seront mesurés suivant la surface plane qu'ils occupent sur les objets où ils sont placés, et comptés de même que ci-dessus.

(*Voir le renvoi* (1) *de la page* 9 *pour déterminer la surface des panneaux d'ornements sculptés.*)

Les parties d'ornements ou les moulures sculptées détachées, jusqu'à 0,05 centimètres de largeur ou de profil, seront mesurées suivant leur forme ou leur profil, sans développer les refouillements ni les saillies des détails qui les composent, et comptées sur 0,05 centimètres courants.

Lorsque, parmi les ornements des objets ou des panneaux sculptés, il se trouvera des parties unies ayant plus de 0,10 centimètres carrés ou de diamètre, elles seront déduites suivant leur surface plane, et comptées ensuite suivant leur surface réelle au *cinquième* seulement des ornements grattés; mais, dans le cas où l'irrégularité de leur forme ne permettrait pas de les mesurer avec exactitude, elles ne seront déduites que suivant la surface des carrés des parallélogrammes ou des cercles qui pourront y être inscrits, et comptées ensuite suivant cette déduction au *cinquième* seulement des ornements grattés.

Lorsque la majeure partie des détails des objets sculptés ou des panneaux d'ornements présentera des saillies ou des refouillements de plus de 15 millimètres, ou lorsqu'il se trouvera des guillochis ou d'autres ornements analogues, dont les détails sont très-fins et très-multipliés, le grattage de ces ornements sera compté *un quart* en sus des ornements grattés, et porté au même prix.

GRATTAGE D'HUILES GERCÉES OU DE DÉTREMPES VERNIES. — Le grattage d'huiles gercées ou de détrempes vernies, sur les parties unies, sera mesuré suivant la surface réelle des parties unies, et compté au mètre superficiel en *plus-value* des peintures sur objets vieux. Nous disons en *plus-value*, parce que, dans ce cas, les peintures étant faites sur *objets vieux*, leur prix comprend un grattage de colle (*sur parties unies seulement*) ou un lessivage avec léger grattage.

Ce même grattage, lorsqu'il sera fait sur les moulures (*ou parties considérées comme telles*), ou sur les sculptures, sera mesuré de même que les grattages de colle (*sur moulures et sculptures*), et compté au mètre superficiel, aussi en *plus-value* des peintures sur objets vieux, comme il est dit ci-dessus.

BRULAGE D'ANCIENNES HUILES (*avec grattage*). — Le brûlage d'anciennes huiles, soit au réchaud, soit à l'essence, sera métré et compté de même que les grattages d'huiles ou de détrempes vernies ci-dessus.

NOTA. L'emploi du réchaud est, sous tous les rapports, préférable au brûlage à l'essence.

ENDUITS. — Les enduits, tant sur les parties unies que sur les moulures (*ou parties considérées comme telles*), lorsqu'ils ne seront pas compris dans le prix des peintures, ainsi que nous l'avons fait pour les bois, les marbres et les bronzes (*pages* 27 *et* 28), seront métrés séparément, chacun suivant leur surface réelle, de la même manière que les grattages ci-dessus, et comptés au mètre superficiel.

Lorsque les enduits seront faits sur des parties circulaires, il devra être ajouté une *plus-value* en raison du cintre plus ou moins prononcé des parties enduites ; mais, lorsque les parties cintrées auront plus de 1 mètre de diamètre, il ne devra être ajouté aucune plus-value.

PONÇAGE A L'EAU. — Le ponçage à l'eau, tant sur les parties unies que sur les moulures et sur les parties circulaires, sera métré et compté de la même manière que les enduits ci-dessus.

BADIGEON A LA CHAUX. — Toutes les baies (même celles de la plus petite dimension) seront déduites de la surface des murs, et les tableaux seront comptés pour leur surface réelle.

Les parties sur parements crépis seront comptées moitié en sus des parties unies.

PEINTURES SUR PAREMENTS CRÉPIS. — Les peintures, tant à la colle qu'à l'huile, sur parements crépis, seront comptées moitié en sus des parties unies.

PEINTURES SUR PAREMENTS DE SCIAGE DE BOIS. — Les peintures, tant à la colle qu'à l'huile, qui seront faites sur les parements de sciage des bois de charpente ou de menuiserie, seront comptées 1/3 en sus des parties unies pour plus-value, quand les bois n'auront pas encore été peints, et, lorsqu'ils l'auront déjà été, il ne sera ajouté aucune plus-value.

PEINTURE SUR GRILLAGE EN FER OU LAITON. — La peinture des grillages sera mesurée comme celle des parties unies, sans plus-value des châssis au pourtour, et comptée *seulement* à 3 faces pour deux.

PEINTURE SUR TREILLAGE EN BOIS. — La peinture des treillages sera mesurée, y compris les faces (*seulement*) des poteaux, et évaluée ainsi qu'il suit :

	ÉVALUATION POUR	
	1 face.	2 faces.
8 centimètres carrés et au-dessous	2 00	3 00
8 à 11 centimètres carrés	1 3/4	2 1/2
11 à 15 centimètres carrés	1 1/4	1 3/4
15 à 20 centimètres carrés	0 3/4	1 00

Les treillages en mailles de

Les saillies ou épaisseurs des poteaux et des châssis seront métrées et comptées pour leur surface réelle.

RAMPES, BALCONS ET PANNEAUX A ENROULEMENTS ORNÉS ET A ORNEMENTS A JOUR. — Ces objets seront mesurés en superficie, en déduisant toutefois les vides qui auront plus de 10 centimètres carrés ou de diamètre (*et ce, suivant la surface des carrés, des parallélo-grammes ou des cercles qui pourront y être inscrits*); ils seront évalués à cinq faces pour deux, sans plus-value pour refouillements ou saillies, et comptés ainsi qu'il suit :

Lorsqu'ils seront peints en ton uni, ils seront comptés aux prix des peintures rebouchées, soit sur objets neufs, soit sur objets vieux.

Lorsqu'ils seront peints en bronze ou en bois, ils seront comptés aux prix de l'un et de l'autre de ces décors, compris leurs apprêts.

Lorsque les ornements des panneaux en fonte à jour seront très-rapprochés les uns des autres, et que la majeure partie des vides entre eux n'aura pas plus de 0,05 centimètres carrés ou de diamètre, ces panneaux ou parties de panneaux seront évalués à 6 faces pour deux, et comptés comme il est dit ci-dessus, et s'ils étaient grattés à vif, comme le prix du mètre superficiel est pour les deux faces (*voir page 37*), ils seraient comptés *un quart* en sus de leur superficie. (*Voir le renvoi (1) de la page 9 pour déterminer la surface des panneaux qui ne seraient pas encadrés.*)

MÉTRAGE DES OBJETS EN LINÉAIRE.

BARREAUX. — Les barreaux et autres objets analogues, jusques et compris 15 centimètres de pourtour, seront comptés en linéaire (*en comprenant, avec leur peinture, tous les apprêts ordinaires*), et, au-dessus de 15 centimètres, ils seront comptés en surface.

Les barreaux ou garnitures de barreaux sculptés seront comptés à 6 fois leur longueur ou à 5 fois en plus-value.

RAMPES D'ESCALIER A BARREAUX DROITS. — Les barreaux droits des rampes d'escalier seront mesurés et comptés en linéaire, ainsi que les plates-bandes (1).

Lorsque les garnitures (ornements) des barreaux seront unies, elles seront comptées au double de leur longueur ou une fois en plus-value; et, lorsqu'elles seront sculptées, elles seront comptées à 6 fois leur longueur ou 5 fois en plus-value.

NOTA. Les carrés des pitons ne sont considérés comme ornements sculptés que lorsqu'ils sont décorés de rosaces; dans tous les cas, ils ne forment qu'une seule partie, qui doit être mesurée comme les autres, suivant sa hauteur, et comptée de même.

Les rosaces unies adhérentes au limon et peintes du même ton que les barreaux seront comptées pour deux pièces de ferrure si elles sont réchampies sur le limon, et, dans le cas où le limon et la rampe seraient peints du même ton, ces rosaces ne seront comptées que comme une demi-pièce.

Il en sera de même pour les rosaces sculptées, qui seront comptées pour trois pièces de ferrure lorsqu'elles seront réchampies sur le limon, et, dans le cas où le limon et la rampe seraient peints du même ton, elles ne seront comptées que comme une seule pièce.

Dans le cas où les garnitures des barreaux (*même les rosaces sur le limon*) seraient réchampies d'une autre couleur que ces derniers, elles seront comptées comme deux pièces de ferrure quand elles seront unies (*quelque petite qu'en soit la dimension*), et comme trois pièces quand elles seront sculptées.

BALCONS A BARREAUX DROITS. — Les balcons à barreaux droits, ceux à croisillons simples ou à losanges et tous ceux à compartiments ou à enroulements réguliers sans ornements, seront mesurés et comptés en linéaire (2), sans ajouter aucune plus-value pour les petites rosaces, les boules, les embases, les astragales, les chapiteaux et autres petites garnitures analogues qui pourront s'y trouver, à moins qu'ils ne soient réchampis d'une autre couleur, et, dans ce cas, ils seront comptés pour une pièce de ferrure quand ils seront unis, et pour deux pièces quand ils seront sculptés.

GRILLES ET AUTRES OBJETS ANALOGUES. — Ces objets, ainsi que toutes les garnitures et ornements unis ou sculptés qui s'y rattachent (*tels que lances, fleurons, pommes de pin et autres*

---

(1) Il est inutile de dire que, dans les rampes, la plate-bande et le carillon sur lequel elle est placée ne forment jamais qu'une partie linéaire, et que, par conséquent, ils ne peuvent être comptés au double.

(2) Nous faisons pour les barres d'appui des balcons la même observation que pour les rampes, en disant que les plates-bandes ou les barres d'appui et le carillon sur lequel elles sont placées ne forment qu'une partie linéaire, et qu'ils ne peuvent être comptés au double.

analogues), seront métrés et comptés de même que les rampes et les balcons désignés ci-devant pages 13 et 14.

NOTA. Les barreaux, soit de grilles, soit de rampes, ont besoin de plus de rebouchages qu'on ne pourrait le supposer ; aussi en avons-nous compris, dans les prix de leur peinture, mais non pas pour le cas exceptionnel où, dans les grilles, on reboucherait, par exemple, le vide qui se trouve dans les traverses au droit du passage des barreaux ou tout autre vide analogue : dans ce cas, il sera toujours accordé une *plus-value* en raison des rebouchages plus ou moins considérables que l'on pourrait y faire.

PLINTHES, BANDEAUX, PILASTRES. — Les plinthes, bandeaux, pilastres et autres objets analogues réchampis, jusques et compris 15 centimètres de largeur, seront comptés en linéaire (*en comprenant*, *avec leur peinture*, *tous les apprêts ordinaires*), et, au-dessus de 15 centimètres, ils seront comptés en surface.

NOTA. Dans les pièces de peu d'importance, dans les cabinets, dans les couloirs et autres endroits analogues, il ne sera fait et compté de plinthes en marbre qu'autant qu'elles auront été expressément ordonnées.

MOULURES UNIES RÉCHAMPIES. — Les moulures unies et autres objets analogues réchampis, jusques et compris 15 centimètres de développement, seront comptés en linéaire au prix indiqué au tarif, page 45.

Lorsque les moulures et autres objets analogues réchampis seront sculptés, ils seront considérés et comptés comme ornements réchampis, soit en plein, soit à jour. (*Voir le métrage des réchampissages d'ornements en blanc d'argent*, pages 8, 9 et 10.)

Dans les endroits où les peintures sont réchampies de deux tons, il y a de certains ouvrages de menuiserie dont la disposition pourrait demander que de petites baguettes, listels, moulures et autres objets analogues fussent réchampis en deuxième ton ; quoique cette circonstance se présente très-rarement, ils ne seront cependant réchampis qu'autant que le réchampissage en aura été expressément ordonné, et, dans ce cas, ils seront comptés en linéaire suivant le nombre de couches réchampies.

MOULURES DITES SPALTÉES PARMI LES BOIS DE DÉCORS. — Les moulures dites spaltées sur les bois de décors ne seront pas déduites de la surface des bois; mais, les bois étant plus difficiles à faire sur les moulures que sur les parties unies, ces moulures seront comptées en *plus-value* en linéaire, au prix indiqué au tarif, page 45.

PARTIES EN LINÉAIRE ET A LA PIÈCE PARMI LES MARBRES DISPOSÉS PAR COMPARTIMENTS. — Nous ne faisons pas de différence dans le prix des marbres disposés par compartiments, mais seulement toutes les parties de marbre qui auront moins de 15 centimètres de large seront comptées en *plus-value* en linéaire, au prix indiqué au tarif, page 45.

Les petits panneaux de compartiments peints en marbre seront comptés aussi en plus-value, mais à la pièce.

RÉCHAMPISSAGE DE FONDS DE DIFFÉRENTS TONS POUR RECEVOIR DES DÉCORS PAR COMPARTIMENTS. — Lorsque les marbres, les granits chiquetés ou tous autres décors seront disposés par compartiments sur parties unies ou sur parties ornées de moulures, et que les fonds en auront été couchés de plusieurs tons, chaque côté de réchampissage des compartiments ou encadrements du fond sera compté en plus-value, au prix indiqué au tarif, page 45. Cette plus-value ne comprend aucun prix de tracé pour les compartiments figurés sur les parties unies.

MODE DE MÉTRAGE

FILAGE. — Les filets cintrés de toute espèce seront comptés au double des filets droits, quand, toutefois, les parties cintrées auront plus de 50 centimètres de diamètre, et, au quadruple, quand elles auront moins.

Il ne sera accordé aucune plus-value pour les filets faits sur plan renversé.

Dans les *moulures figurées*, les filets adoucis seront comptés comme deux filets secs.

NOTA. Dans quelque endroit que ce soit, il ne sera tracé, filé et compté aucune table ni moulures sur les murs, lambris, ébrasements de portes ou de croisées, soubassement ou sur toute autre partie analogue, que lorsqu'elles auront été expressément ordonnées.

TRACÉS. — Les tracés pour filets ou pour compartiments quelconques font toujours partie du prix des filets qui sont faits dessus.

Mais si les tracés sont faits pour compartiments de bois, de marbres, etc., ou pour des peintures de deux tons, et s'il n'est pas fait de filets sur ces tracés, ils seront comptés au prix du tarif, page 57.

MÉTRAGE DES OBJETS A LA PIÈCE.

FERRURES ET OBJETS ANALOGUES. — Nous considérons comme objets à la pièce les ferrures de toute espèce, telles que serrures, becs-de-canne, gâches, espagnolettes, poignées, supports, boutons de tirage, verrous, targettes, crochets, agrafes de volets et autres objets analogues (*qui ont la même valeur*), tels que têtes de portemanteaux (*avec leur barre*), chevilles (*avec leur barre*), supports, potences, goussets, et généralement tous les objets qui, par leurs formes irrégulières ou leurs petites dimensions, ne peuvent être mesurés avec exactitude.

Tous ces objets (*unis ou sculptés*) seront comptés ainsi qu'il suit ;

Les objets peints du même ton et en même temps que ceux auxquels ils adhèrent seront comptés comme pièce, si toutefois ils ont plus d'un centimètre superficiel en sus de la surface qu'ils occupent.

Au-dessous d'un centimètre superficiel, ils ne seront pas comptés.

Au-dessus de 5 centimètres superficiels, ils seront comptés en surface.

Les objets peints d'une autre couleur que ceux sur lesquels ils sont placés seront comptés comme pièce, si toutefois leur surface réelle produit plus d'un demi-centimètre superficiel.

Au-dessous d'un demi-centimètre superficiel, ils ne seront comptés que comme demi-pièce.

Au-dessus de 5 centimètres superficiels, ils seront comptés en surface.

Chaque mètre linéaire d'espagnolette (*sans développer les crochets*) et chaque mètre de verrous ou d'autres objets analogues seront comptés pour trois pièces. (*Les tiges de verrous mobiles du même ton que les peintures sont plus longues et plus difficiles à faire que les espagnolettes.*)

MODE DE MÉTRAGE SPÉCIAL

Pour les époussetages, les lessivages, les raccordements et les revernissages d'anciennes peintures conservées,

Tant celles à l'huile que celles à la colle, soit en ton uni, soit en décors, telles que bois, marbres, bronzes, granits, briquetages, coupes de pierre et coutils.

OBJETS EN SURFACE. — Les objets en surface seront mesurés sans développer aucune feuillure de porte, de croisée, de volet ou d'armoire, quelle qu'elle soit, ni aucune espèce de saillie ou épaisseurs (*pas même celles d'huisseries*), à moins qu'elles n'aient plus de 04 centim. (*sans les feuillures*), sans ajouter aucune plus-value pour les moulures de cadres, ni pour les pièces de ferrure, et sans faire aucune déduction des vides, des carreaux ni des glaces, à moins qu'ils n'aient plus de 1 mètre 50 centim. à l'équerre (1).

NOTA. Dans tous les cas, le nettoyage des carreaux ou des glaces sera compté à part.

Il est bien entendu que les corniches ne peuvent être mesurées autrement que suivant le développement de leur profil (*bien qu'elles ne soient composées que de moulures*).

Les rampes et les balcons à enroulements ou à losanges, les balcons et les panneaux d'ornements en fonte seront mesurés compris les barres d'appui (*si elles ne sont pas repeintes*), et comptés à 3 faces pour deux, sans faire aucune déduction de quelque espèce de vides que ce soit, à moins que ces vides n'aient 30 centimètres carrés ou de diamètre.

OBJETS EN LINÉAIRE. — Les objets en linéaire, tels que barreaux, plinthes, bandeaux et autres analogues, ne seront comptés en linéaire que lorsqu'ils seront détachés ou réchampis; autrement, ils seront métrés avec les objets en surface auxquels ils seraient adhérents, et sans plus-value.

Les barreaux de rampes d'escalier seront mesurés sans ajouter aucune plus-value pour les ornements sculptés, pas même pour les rosaces adhérentes au limon, à moins qu'elles ne soient vernies en réchampissage sur ce dernier, et encore ne seront-elles comptées que pour une seule pièce de ferrure, aussi bien celles qui sont unies que celles qui sont sculptées.

Les grilles et autres objets analogues, et tous les ornements qui s'y rattachent, seront métrés de la même manière que les rampes ci-dessus, sans aucune plus-value pour les ornements.

Les balcons à barreaux droits et ceux à croisillons simples seront comptés en linéaire.

---

(1) Les raccords de peinture unie ou de plusieurs tons au-dessus de 1 mètre de surface, et les raccords en décors au-dessus de 50 centimètres de surface, seront déduits des parties raccordées et comptés à part suivant leur nature.

3

TARIF DE LA PEINTURE.

NOTA. Avant de présenter les prix, nous pensons, sans entrer dans des détails d'exécution trop étendus, devoir signaler quelques précautions que l'on pourrait prendre lorsqu'on fait faire de la peinture à l'huile.

Des besoins de plusieurs espèces déterminent à faire toujours trop tôt les peintures sur objets neufs, notamment sur les plâtres, où l'on suppose que le peu d'humidité qu'ils contiennent n'est pas capable d'altérer les peintures ; mais *de certaines causes* qui sont souvent ignorées, amènent de très-grands dégâts (1). Une de ces causes est quelquefois l'encollage que l'on met (*par économie*) pour remplacer la première couche à l'huile, ce qui ne devrait jamais se faire, la colle étant un corps animal qui se décompose à la moindre humidité. Une autre cause encore bien plus ignorée, c'est l'application du vernis, qui a toujours lieu trop tôt, sur les peintures unies comme sur celles en décors. Le vernis a la propriété de conserver le ton des couleurs ; mais lorsqu'il est appliqué trop tôt à des peintures faites sur des plâtres, et que ces plâtres contiennent un peu d'humidité, il a le grave inconvénient de hâter l'altération des peintures, en empêchant cette humidité de s'évaporer.

Pour obvier à cet inconvénient, il serait convenable de faire comme messieurs les artistes, qui ne vernissent leurs tableaux que longtemps après leur achèvement; bien que la raison qui ferait agir ne soit pas la même, et que ce moyen soit plus dispendieux pour l'entrepreneur, il ne devrait pas hésiter à en faire la proposition ; nous l'avons employé souvent à la satisfaction des personnes qui ont mieux aimé payer un lavage et de légers raccords qui se sont trouvés à faire dans les endroits où cette opération a eu lieu, que de s'exposer à renouveler entièrement les peintures au bout de très-peu de temps ou à les conserver en mauvais état.

Nous venons de parler des inconvénients d'appliquer trop tôt la peinture sur des plâtres neufs. Nous espérons avoir été compris ; mais, sans nous écarter de notre sujet, si nous disions aussi que l'on peint trop tôt les bois, et si nous osions affirmer qu'il vaudrait mi●● avant de les peindre, les laisser exposés à l'air pendant quelque temps, *même quand ils se trouvent à l'ex-térieur,* nous craindrions qu'on ne nous crût pas. Cependant c'est pour nous un fait incontestable, car, dans plusieurs grandes opérations, des circonstances toutes particulières nous ayant forcé d'ajourner la peinture des menuiseries, bien qu'au moment de leur donner la première couche elles parussent avoir beaucoup souffert de l'action de l'air, on pourrait presque dire que les

---

(1) Ces dégâts sont cependant moindres dans les peintures non vernies que dans les peintures vernies.

bois n'ont nullement travaillé depuis que les peintures sont faites, et qu'il ne s'y est fait aucune gerçure.

Les peintures faites ainsi sont loin d'être avantageuses à l'entrepreneur, car le bois (dont l'air a fait ouvrir les pores) absorbe une plus grande quantité d'huile, et les fentes ou gerçures étant plus nombreuses et plus grandes, le rebouchage est beaucoup plus considérable pour le temps comme pour le mastic que l'on y emploie; c'est pourquoi nous pensons que pour des peintures faites de la sorte il devrait être accordé une plus-value.

Par suite des raisons que nous venons d'exposer plus haut, nous sommes d'avis qu'il vaudrait mieux ne donner la première couche aux menuiseries d'un bâtiment qu'après la pose des ferrures, d'abord parce que cette première couche est presque toujours en partie enlevée lorsque l'on ferre (1), et ensuite parce que le peintre est obligé de venir *après coup* donner une couche sur toutes les ferrures, ce qui fait un double travail à payer. Il serait à désirer aussi que le ferreur passât de la couleur, non-seulement dans toutes les entailles des bois, mais encore sur les parties des ferrures qui doivent y être encastrées, comme le font plusieurs personnes.

NOTA. Si des travaux de peintures sont restés longtemps en suspens, notamment l'hiver, et à l'extérieur surtout, il faut, avant de donner les dernières couches, avoir la précaution de lessiver les objets imprimés pour enlever la poussière que l'humidité y fixe, car elle empêcherait non-seulement les dernières couches de faire corps avec la première, mais encore elle occasionnerait toutes les petites cloches que l'ardeur du soleil fait lever après l'achèvement des peintures (si toutefois elles y sont exposées); dans le cas où ce travail serait fait, le lessivage devrait être payé.

---

(1) Cette première couche, si elle n'est pas donnée en céruse de première qualité (*qui porte par elle-même son siccatif*), s'enlève d'autant plus facilement qu'elle ne durcit pas très-bien.

Lorsque la première couche est donnée en céruse de première qualité non teintée, elle a de la transparence et de la fraîcheur sur objets neufs comme sur objets vieux, et, si elle est donnée en gris perle, en couleur de pierre, en gris ardoise ou en tout autre ton (*que nous avons indiqué dans nos moyens de reconnaître le nombre de couches que l'on est convenu de donner*, pages 2 et 3), cette transparence et cette fraîcheur (*suivant le ton*) ne sont pas moindres que celles de la céruse non teintée.

OUVRAGES A L'HUILE.

				Le Mètre superficiel, sur Objets	
				Neufs. Compris égrenage, époussetage, et autres apprêts indiqués ci-dessous.	**Vieux.** Compris lessivage (avec léger grattage) ou grattage à vif de colle(sur parties unies seulement), et autres apprêts indiqués ci-dessous.
PEINTURES en DIVERS TONS, (1) tels que: gris, couleur de pierre, couleur de bois, noir, brun, gris perle, blanc mat, lilas, rose, chamois, vert d'eau, bleu pâte et autres tons analogues.	**ORDINAIRES,** Pour impressions(*faites sans autre travail*): extérieurs de croisées, persiennes, façades de maisons (2), murs, plafonds, cabinets, couloirs et petites pièces analogues dans les appartements; cuisines, escaliers, étages en comble, remises, écuries, hangars et autres objets et endroits analogues.	Non rebouchées.	1 couche..	0 35	0 40
			2 couches.	0 55	0 70
			3 couches.	0 75	0 90
		Rebouchées (3).	1 couche..	» »	0 50
			2 couches.	0 70	0 85
			3 couches.	0 95	1 10
	SOIGNÉES, Pour pièces principales d'appartement, telles que: antichambre, salle à manger, salon, chambre à coucher, boudoir, et autres pièces ou endroits analogues, soit dans les appartements, soit ailleurs.	D'un seul ton. (Pour appliquer le prix, voir le renvoi 4.) — Non rebouchées	1 couche..	» »	0 50
			2 couches.	0 70	0 90
			3 couches.	0 95	1 15
		Rebouchées (*non poncées*).	1 couche..	» »	0 55
			2 couches.	0 80	0 95
			3 couches.	1 05	1 20
		Poncées à sec (5) et rebouchées.	1 couche..	» »	0 75
			2 couches.	1 00	1 20
			3 couches.	1 40	1 55
		Réchampies de 2 tons 2 fois (6). (Pour appliquer le prix, voir les renvois 7 et 8.) — Non rebouchées	1 couche..	» »	0 65
			2 couches.	1 00	1 15
			3 couches.	1 25	1 45
		Rebouchées (*non poncées*).	1 couche..	» »	0 80
			2 couches.	1 20	1 30
			3 couches.	1 55	1 65
		Poncées à sec et rebouchées.	1 couche..	» »	0 95
			2 couches.	1 30	1 50
			3 couches.	1 70	1 85
	Réchampies de 2 tons une seule fois, 0 f. 10 c. de moins par mètre que ci-dessus (9).			» »	» »
	Faites sur enduit....	Même prix que les peintures soignées non rebouchées (*l'enduit étant compté à part*).			
	Faites sur ponçage à l'eau..	Même prix que les peintures soignées rebouchées non poncées (*le ponçage à l'eau étant compté à part*).			
	Faites après grattage d'huile.	Même prix que les peintures sur objets vieux (*le grattage d'huile étant compté à part, mais en plus-value seulement*).			
	Vernies. (Ajouter le prix du vernis; *voir aux vernis, pag. 25*.)				
	Glacées de diverses couleurs ou de couleurs fines. (Ajouter le prix du glacis; *voir aux glacis, p. 25*.)				

(1) Pour ce renvoi et les suivants jusqu'au neuvième, voir la page 21, ci-après.

Renvois de la page précédente.

(1) Les diverses couleurs le plus en usage dans la peinture à l'huile revenant en œuvre, à très-peu de chose près, aux mêmes prix les unes que les autres, nous n'avons pas cru devoir faire de différence des couleurs claires (*même du blanc mat à la céruse sans mélange de blanc d'argent*) avec les couleurs foncées, non plus que pour les peintures teintées aux couleurs fines, telles que gris perle, lilas, rose, chamois, vert d'eau, bleu pâle et autres tons analogues, attendu que la quantité de couleurs fines qui sert à les teinter n'est pas appréciable (A); ce ne sont donc pas les couleurs fines ainsi employées qui peuvent augmenter le prix des peintures, mais bien les rebouchages, les ponçages, les enduits, les réchampissages et les soins de toute espèce (*que nous ne pouvons énumérer ici*) qu'exigent les localités dans lesquelles les peintures s'exécutent.

Les ouvriers comprennent tellement la portée de ces soins (qui, suivant les localités, sont quelquefois innombrables), qu'aucune recommandation de la part de l'entrepreneur n'est nécessaire (*elles seraient d'ailleurs sans effet*); la raison en est que, pour les ouvriers les plus capables comme pour les ouvriers ordinaires, salle à manger, salon, chambre à coucher, boudoir et autres pièces ou endroits analogues veulent dire : GRAND SOIN (*tant pour les ponçages et les rebouchages qui se font à chaque couche que pour l'extrême propreté dans les outils et dans la couleur ainsi que pour tout ce qui se fait dans ces pièces*), de plus, AGRÉMENT DANS LE TRAVAIL et DÉSIR DE LE VOIR DURER LONGTEMPS; tandis que les pièces de peu d'importance, comme cabinets, couloirs, cuisines, extérieurs de croisées, persiennes, escaliers et autres endroits analogues, veulent dire pour ces mêmes ouvriers : SOINS ORDINAIRES aussi bien pour les rebouchages que pour tout ce qui se fait dans ces endroits.

(2) La peinture des façades de maisons, faite en céruse de première qualité, conserve sa fraîcheur, non-seulement quand elles sont exposées au midi, mais encore lorsqu'elles sont exposées au nord; on pourrait même dire qu'elle la conserve aussi dans les cours qui, généralement, ne sont pas aussi aérées.

Les parties de façades de maisons au-dessus du bandeau du premier étage ne seront jamais comptées autrement que comme peintures non rebouchées.

(3) Nous nous sommes toujours demandé quelle quantité de trous devait contenir un mètre superficiel de rebouchage et de quelle dimension devaient être ces trous; car tous les objets, même un peu vieux, en contiennent des milliers. Le rebouchage, pour nous, ne s'arrête qu'à l'enduit en mastic à l'huile; aussi avons-nous fait dans nos détails des prix de peintures une très-grande différence du rebouchage pour les peintures ordinaires avec celui des peintures soignées.

La dénomination *de léger rebouchage* ne nous ayant jamais été expliquée clairement, nous ne l'admettons pas (B).

(4) Les peintures d'un seul ton sur les plâtres neufs n'ayant jamais besoin que d'un égrenage fait avec grand soin, le plus souvent au papier de verre, elles devront toujours être comptées comme *peintures d'un seul ton sur objets neufs, rebouchées non poncées*, à moins que dans des travaux de premier ordre le ponçage n'en soit expressément ordonné.

(5) Ponçage veut dire : DISPARITION DE TOUTES LES ASPÉRITÉS QUI SE TROUVENT A LA SURFACE DES OBJETS. Il veut dire aussi pour l'ouvrier : MÊMES SOINS QUE POUR LES REBOUCHAGES, et, de plus : CONSERVATION DES ARÊTES; mais les difficultés sont tellement grandes pour éviter de les arrondir, que, malgré ses soins, elles le sont toujours un peu.

(6) Les peintures réchampies de deux tons ne se font ordinairement que sur les objets qui sont ornés de moulures, tandis que les peintures à un ton, que l'on rencontre principalement dans les mêmes pièces que celles à deux tons, ne se font, le plus souvent, que sur les objets unis : on ne trouvera donc pas surprenant qu'il y ait une si grande différence entre le prix des unes et celui des autres, surtout si l'on se rappelle qu'il faut toujours réchampir deux fois pour les peintures à deux et à trois couches, et si l'on pense que, pour l'ouvrier, réchampissage veut dire : LE PLUS GRAND SOIN DANS LE TRAVAIL. De plus, les peintures de deux tons emploient non-seulement un temps considérable pour le réchampissage des champs, mais aussi pour peindre les panneaux, et l'on pourrait presque dire qu'ils sont eux-mêmes faits en réchampissage des champs; car, si l'on ne prenait pas d'assez grandes précautions en faisant ces panneaux, on laisserait sur les moulures des épaisseurs qui les rendraient grenues, comme si elles n'avaient pas été poncées.

(7) Dans les pièces où les peintures sont réchampies de deux tons, les frises, les ébrasements unis de portes ou de croisées, les soubassements, les derrières de volets et caissons, les intérieurs de portes d'armoires et autres parties unies analogues qui se font généralement d'un seul ton, ne doivent être comptés que comme *peintures soignées d'un seul ton, rebouchées* (non *poncées*), attendu que, lorsque ces objets sont neufs, les parties de bois n'ont besoin que d'un léger ponçage, et les parties de plâtre d'un égrenage avec soin au papier de verre (2 opérations, *léger ponçage et égrenage avec soin*, qui sont équivalentes), et que, lorsqu'ils sont vieux, un lessivage et un léger grattage suffisent toujours.

(8) Les peintures réchampies de deux tons sur plâtres neufs unis ou ornés de moulures, n'ayant jamais besoin que d'un égrenage fait avec grand soin, le plus souvent au papier de verre, elles devront toujours être comptées comme *peintures de deux tons sur objets neufs, rebouchées* (non *poncées*), à moins que dans des travaux de premier ordre le ponçage n'en soit expressément ordonné.

(9) Pour que le résultat du réchampissage en deuxième ton soit beau, deux couches du même ton sont nécessaires sur les champs; autrement, avant que trois mois se soient écoulés, le ton du dessous se fait remarquer par sa transparence, et les peintures paraissent vieilles avant l'âge.

(A) Nous croyons utile de dire que les peintures qui seraient teintées au bleu de cobalt, à l'outremer, au carmin ou à toute autre couleur, dont les prix varient de 50 f. 00 à 240 f. 00 le kilog. et au-dessus, font exception aux peintures que nous venons d'indiquer.

(B) Ces sortes de travaux ne devraient se faire qu'à la journée.

	Plus-Value à ajouter par mètre superficiel aux prix des peintures en divers tons pour chaque couche de couleurs fines.	

Suite des OUVRAGES A L'HUILE.

NOTA. La classification des peintures en couleurs fines serait la même que celle des peintures en divers tons, tant pour les objets sur lesquels on les applique que pour les apprêts et les soins de toute espèce qu'elles nécessitent; mais, afin de ne pas établir une classification particulière pour chacune d'elles (*puisque leurs prix de revient en œuvre ne sont pas les mêmes*), nous indiquons seulement les plus-values (*pour différence de prix des couleurs*) qu'il faut ajouter aux prix des peintures en divers tons ordinaires ou soignées, suivant le nombre de couches qui sera donné avec ces couleurs fines. . . . . » »

PEINTURES en COULEURS FINES. (1) (En plus-value des peintures en divers tons.)

	fr	c
Brun Van-Dyck.	0	20
Verts *de diverses espèces ou de diverses nuances composées* (2).	0	50

NOTA. Il fut un temps où l'on pouvait dire qu'il n'y avait pas de verts solides; mais ce temps est passé, car, depuis que l'on trouve dans le commerce plusieurs sortes de verts, on a la satisfaction de pouvoir en varier les nuances à l'infini en les combinant, soit ensemble, soit avec d'autres couleurs, et de s'éviter ainsi tous les désagréments qu'on éprouvait par suite de la prompte décomposition des bleus qui en formaient la base, décomposition qui avait lieu aussi bien à l'humidité qu'à l'ardeur du soleil, même lorsqu'ils étaient vernis. . . . . » »

	fr	c
Jaunes de chrôme.	0	20
Bleus foncés (*dits gros bleus*).	0	35
Vermillon { de France.	1	70
d'Allemagne.	1	90
de Chine.	2	00

NOTA. Les vermillons sont de plusieurs nuances. Celle du vermillon de Chine, qui est la plus foncée, est la seule qui conserve presque toujours le même ton. . . . . » »

	fr	c
Bleu de cobalt.	4	90
Outremer.	3	50

Glacis de couleurs fines sur peintures en divers tons ou sur peintures en couleurs fines. (*Voir le prix aux Glacis*, pag. 25.). . . . . » »

(1) Les peintures en couleurs fines sont comme les peintures en divers tons pour l'ouvrier, qui, en raison des endroits où on les exécute et des apprêts que l'on y fait, y apporte plus ou moins de soins.
(2) Lorsque les verts seront faits sur des treillages ou sur des grillages, la plus-value à ajouter ne sera que de 0 fr. 25 c. au lieu de 0 fr. 50 c., comme il est indiqué dans la colonne ci-dessus.

	Le Mètre superficiel, sur Objets			
Suite des OUVRAGES A L'HUILE.	Neufs. Compris égrenage, époussetage, ponçage à sec et rebouchage.		Vieux. Compris lessivage (*avec léger grattage*) ou grattage à vif de colles (*sur parties unies seulement*), ponçage à sec et rebouchage.	
NOTA. La différence de blancheur qui existe entre le blanc d'argent et le blanc de céruse est tellement grande que l'on ne peut arriver à l'employer pur qu'en le graduant avec la céruse, soit d'abord par tiers, soit ensuite par deux tiers (*et enfin pur, pour la troisième couche*). Le mélange de ces quantités est assez difficile à reconnaître; mais, comme ces sortes de travaux demandent le plus grand soin, il n'est pas à douter que ces mélanges ne se fassent dans les proportions exigées pour obtenir un bon résultat.	»	»	»	»
1 couche.	»	»	1	00
PEINTURES — 2 couches.	»	»	1	80
en — 3 couches.	»	»	2	60
BLANC MAT — 1 couche *sur 3 couches de céruse*.	2	00	2	15
au blanc d'argent. — 2 couches *sur 3 couches de céruse*.	2	60	2	75
(1) — 3 couches *sur 3 couches de céruse*.	3	25	3	40
NOTA. Lorsque les objets neufs ou vieux seront enduits, on pourra donner la première couche de blanc mat au blanc d'argent sur deux couches de céruse seulement.	»	»	»	»
Chaque couche de céruse, soit en plus, soit en moins, 0 f. 35c. *par mètre.*	»	»	»	»
Faites sur enduit. { Mêmes prix que ci-dessus, mais l'enduit compté à part.	»	»	»	»

	Le Mètre linéaire.	
RÉCHAMPISSAGE — NOTA. La dorure neuve à l'huile se faisant toujours après la peinture à l'huile, le réchampissage en recoupement de dorure n'a lieu que lorsque la dorure est ancienne ou lorsque la neuve est faite à l'eau.	»	»
en —		
RECOUPEMENT — Suivant des lignes droites ou cintrées. . . . { 1 couche. .	0	04
DE DORURE, — { 2 couches. .	0	07
en plus-value — { 3 couches. .	0	09
des peintures à l'huile — Suivant les sinuosités des moulures sculptées et des ornements dorés en plein. *Trois fois le prix des réchampissages en ligne droite ci-dessus.*	»	»
de toute espèce.	Le Mètre superficiel.	
(2) — { 1 couche. .	3	20
Parmi les ornements dorés à jour. . . . . { 2 couches. .	5	60
{ 3 couches. .	7	60

(1) Les peintures en blanc mat *au blanc d'argent*, qui s'exécutent généralement pour des travaux de premier ordre, veulent dire pour l'ouvrier SOINS ENCORE PLUS GRANDS (*que pour toutes autres peintures*), tant pour les apprêts que pour les peintures elles-mêmes.

(2) Voir le mode de métrage de ces réchampissages, pages 10 et 11.

	Le Mètre superficiel.	
Suite des OUVRAGES A L'HUILE.		

BLANC D'ARGENT en RÉCHAMPISSAGE d'ornements sculptés et en carton-pierre (1). (*V. le mode de métrage de ces réchampissages, pages* 8, 9 *et* 10.)

NOTA. Les blancs d'argent en réchampissage ne se font qu'après l'entier achè-vement des peintures ; il en faut deux couches pour obtenir un résultat satis-faisant. On en fait à une couche avec du blanc d'argent (*quelquefois même avec du blanc de céruse*) broyé et détrempé à l'essence sur les parties éloignées de l'œil, notamment sur les ornements en carton-pierre, dans les travaux ordi-naires ; mais ils n'ont aucune solidité, le premier lessivage les fait disparaître, et ils ont l'inconvénient de jaunir promptement. On comprendra que ceux qui seraient faits en blanc d'Espagne à la colle sur des fonds à l'huile vaudraient encore moins, aussi ne doit-on jamais en faire.

	Le Mètre superficiel.	
NOTA (texte ci-dessus)	»	»
Sur Ornements réchampis en plein. — 1 couche.	4	50
Sur Ornements réchampis en plein. — 2 couches.	9	00
Sur Ornements réchampis en plein. — 3 couches.	12	00
Sur Ornements réchampis à jour. — 1 couche.	7	00
Sur Ornements réchampis à jour. — 2 couches.	14	00
Sur Ornements réchampis à jour. — 3 couches.	20	00
NOTA. Il ne sera donné et compté trois couches de blanc d'argent sur les orne-ments réchampis qu'autant qu'elles auront été expressément ordonnées.	»	»

VERNIS ET GLACIS.

D'après ce que nous avons fait observer sur les vernis, on ne sera pas étonné de ne les voir figurer que jus-qu'au numéro 2 ; nous trouvons les qualités au-dessous de ce numéro trop inférieures pour qu'il en soit fait usage.

Le vernis dit de Hollande, qui ne durcit jamais, ne revient que de 1 *fr. à* 1 *fr.* 25 *c. le litre.*

Rien n'est plus préjudiciable à la peinture qu'un vernis qui ne durcit pas ; il fait mordant pour la poussière qui s'y attache, et forme une crasse qu'on ne peut enlever qu'en lessivant avec une eau seconde forte, qui altère alors la peinture.

Le vernis gras français ne peut s'employer pur, il faut toujours y mêler un peu d'essence ; par cette raison (du mélange de l'essence), il y a si peu de différence entre le prix de ce vernis et celui à l'esprit-de-vin, que nous les avons portés au même prix.

Si dans le vernis gras on mêlait une trop grande quantité d'essence, on lui retirerait non-seulement une partie de son brillant, mais encore toute la solidité qu'il doit avoir.

(1) Les réchampissages d'ornements en blanc d'argent ne peuvent dire autre chose pour l'ouvrier que TRÈS-GRANDS SOINS, puisque, par la nature même du travail, il est obligé d'y apporter toute son attention.

Il est bien à regretter que jusqu'ici on n'ait pu employer des clous étamés ou galvanisés pour clouer les ornements en carton-pierre, car l'humidité que contiennent toujours ces ornements lorsqu'on les pose, et même quelquefois les plâtres, fait que les clous s'oxydent et tachent les peintures, notamment les blancs d'argent, surtout s'ils sont faits à l'essence ou à la colle.

Suite des VERNIS ET GLACIS.	Le Mètre superficiel	
	sur parties unies.	sur parties ornées de moulures.

VERNIS.

Gras ou à l'esprit-de-vin.

Zéro ou surfin.	1 couche.	0 35	0 45
	2 couches.	0 70	0 90
Nº 1.	1 couche.	0 30	0 40
	2 couches.	0 60	0 80
Nº 2.	1 couche.	0 25	0 35
	2 couches.	0 50	0 70

NOTA. Le vernis zéro ne s'emploie que sur les peintures très-claires de ton. Le vernis nº 1 s'emploie aussi sur des tons clairs, mais cependant moins que les précédents : c'est celui qui doit être généralement appliqué sur toutes les peintures neuves ou anciennes, qui se salissent toujours assez vite, sans employer le vernis nº 2, qui ne doit être appliqué que sur les tons foncés. » » » »

Nous sommes d'avis qu'une seule couche de vernis gras, quand elle n'est pas affaiblie par l'essence que l'on y mêle, peut toujours suffire, et que le grand nombre de couches de vernis n'augmente pas sa solidité. . . . . » » » »

Anglais.
1 couche.	0 65	0 85
2 couches.	1 30	1 70

NOTA. Le vernis anglais ne peut supporter qu'une très-petite quantité d'essence; il faut même éviter d'en mettre quand on le peut. . . . . » » » »

Nous croyons utile de faire remarquer qu'il en est des fabriques anglaises comme des fabriques françaises, elles produisent des vernis meilleurs les uns que les autres. . . . . . » » » »

Il ne sera employé et compté de vernis anglais que lorsqu'il aura été expressément ordonné.. . . . . » » » »

	Le Mètre superficiel.

PEINTURES AU VERNIS, moitié en sus des peintures à l'huile, tant en divers tons, ordinaires ou soignées qu'en couleurs fines, sur objets neufs comme sur objets vieux. . » »

GLACIS.

Au Blanc d'argent sur les marbres blancs veinés. 0 30

En ton de Bois de chêne (*dit à la cire*), sans effet, mais adouci au blaireau. 0 50

NOTA. Il est à regretter que ce glacis, qui a la propriété de donner de la finesse aux tons sur lesquels on le passe, ne soit pas plus souvent employé. Il se compose d'huile de lin, d'huile grasse, de cire et de couleurs fines. C'est au goût du peintre à en approprier les tons à ceux des fonds qu'il veut glacer. » »

A la laque carminée. 0 50

NOTA. Il y a peu de laques solides; mais on peut obtenir les mêmes effets avec le carmin, qui l'est davantage.. . . . . » »

Au Bleu de cobalt. 2 00

A l'Outremer. 1 50

Au Carmin. 3 00

4

OUVRAGES EN DÉCORS.

Nous aurions beaucoup à dire sur les bons et sur les mauvais décors qui se font dans le bâtiment, en raison du grand nombre de décorateurs qu'il y a en tout genre; nous dirons seulement qu'il est rare qu'un entrepreneur capable n'emploie pas de bons décorateurs; dans le cas contraire, il arrive souvent que l'architecte lui en indique de son choix.

Il y a des espèces de bois, de marbre et de bronze qui peuvent se faire sur une seule couche sur objets neufs, et même sur d'anciens fonds d'objets vieux (*sans donner de couches*), ou sur des enduits seulement sur objets neufs ou vieux (1); mais on comprendra facilement que ces sortes de travaux n'ont pas la même solidité ni, par conséquent, la même durée que ceux qui sont faits sur le nombre nécessaire de couches. On est à même de juger de ces faits lorsque, dans les anciens bâtiments que l'on restaure, on retrouve des marbres et des bois qui sont loin d'égaler ce que l'on fait aujourd'hui comme façon, mais dont la fraîcheur de ton qui y est conservée n'est due qu'au nombre de couches dans lesquelles on n'apportait pas autrefois la même économie qu'aujourd'hui. Ces bois et ces marbres, dont la fraîcheur est si bien conservée (et que souvent on ne refait même pas), ne remontent pas quelquefois à une époque de moins de trente à quarante années : c'est ce qui nous a fait dire souvent que, lorsqu'on peignait solidement en bois et en marbre, on pouvait presque ne peindre qu'une fois dans sa vie.

Les causes qui altèrent les décors vernis sont les mêmes que celles qui altèrent les peintures à l'huile vernies. (*Voir, à cet effet, l'Observation faite aux peintures à l'huile en tête du tarif de la peinture, page 18.*)

NOTA. Nous ne prévoyons pas de prix pour les décors faits à la colle, attendu qu'il s'en fait très-rarement, et que la différence qu'il y aurait n'existe que dans les fonds et non dans la façon.

---

(1) Sur des ornements neufs en fonte, on fait même des bronzes sans donner de couche.

Suite des OUVRAGES EN DÉCORS.

	Le Mètre superficiel, sur Objets			
	Neufs. Compris égrenage, époussetage, ponçage à sec et rebouchage.		Vieux. Compris lessivage (avec léger grattage) ou grattage à vif de colles (sur parties unies seulement), ponçage à sec et rebouchage.	
BOIS de TOUTE NATURE de 1 ou de 2 tons (dits à la cire et au procédé). (1)				
NOTA. Le prix des bois dits à la cire et au procédé anglais ne dépend pas des matières ni du procédé employés, mais bien de la main de l'artiste qui les fait.	»	»	»	»
Les prix des bois faits par M. Bignon se traitent à l'avance de gré à gré.	»	»	»	»
Vernis au vernis gras sur fond à l'huile(2). — 1 couche.	»	»	2	65
2 couches.	2	95	3	15
3 couches.	3	35	3	50
Faits sur enduits en mastic à l'huile mélangé de céruse (compris un enduit sur panneaux et champs seulement), vernis au vernis gras sur fond à l'huile. — 1 couche.	4	30	4	45
2 couches.	4	65	4	90
3 couches.	4	90	5	20
Lorsque les moulures ou parties considérées comme telles seront enduites, l'enduit de ces moulures sera mesuré suivant leur surface réelle, et compté aux prix indiqués au tarif, page 38.	»	»	»	»
Faits sur d'anciens fonds conservés (sans donner de couches), compris les apprêts nécessaires et le vernis.	»	»	2	10
Non vernis, 0 f. 40 de moins par mètre que ci-dessus.	»	»	»	»
NOTA. Sur les bois de chêne, que l'on ne devrait jamais faire qu'à l'huile (parce qu'ils sont plus solides au procédé à l'huile qu'au procédé à l'eau), une couche de vernis gras peut toujours suffire.	»	»	»	»
Une deuxième couche de vernis gras sur les bois au procédé à l'eau vaut 0 f. 40 c. de plus par mètre que ci-dessus.	»	»	»	»
NOTA. Sur les bois au procédé à l'eau, une seule couche de vernis gras, si elle est bien donnée, peut suffire; mais, s'il a été fait des maigreurs en l'appliquant, le premier lessivage occasionne de grands dégâts. On prévient cet inconvénient en vernissant une deuxième fois.	»	»	»	»
Polis (voir les prix aux peintures polies), page 31.	»	»	»	»

(1) Il est rare que les bois ne soient pas faits de deux tons; mais, dans tous les cas, le prix de revient est le même pour l'entrepreneur, puisque l'artiste, dans son travail, est toujours obligé de suivre la disposition des menuiseries en faisant les tables (panneaux) d'une part, et les champs d'une autre. Ainsi, comme on le voit, que les bois soient à un ou deux tons ou de deux espèces, la façon en est absolument la même.

(2) Si l'on examine que les bois sont généralement faits sur des parties ornées de moulures et sur des fonds réchampis de deux tons, tandis que les marbres sont généralement faits sur des parties unies et sur des fonds d'un seul ton, on ne sera pas étonné de la différence qui existe entre le prix des bois et celui des marbres, surtout si l'on se rappelle ce que nous avons fait observer aux ouvrages à l'huile, page 21, sur les rebouchages, les ponçages et les réchampissages de deux tons; car les décors, et particulièrement les bois, veulent dire pour l'ouvrier : TRÈS-GRAND SOIN.

Suite des OUVRAGES EN DÉCORS.	Le Mètre superficiel, sur Objets	
	Neufs. Compris égrenage, époussetage, ponçage à sec et rebouchage.	**Vieux.** Compris lessivage (*avec léger grattage*) ou grattage à vif de colles (*sur parties unies seulement*), ponçage à sec et rebouchage.
Vernis au vernis gras sur fond à l'huile. { 1 couche. . .	» »	2 20
Vernis au vernis gras sur fond à l'huile. { 2 couches. . .	2 45	2 60
Vernis au vernis gras sur fond à l'huile. { 3 couches. . .	2 70	2 85
Faits sur enduits en mastic à l'huile mélangé de céruse (*compris un enduit sur parties unies seulement*), vernis au vernis gras sur fond à l'huile.. { 1 couche. . .	3 30	3 45
{ 2 couches . . .	3 65	3 85
{ 3 couches. . .	3 90	4 10
MARBRES de **TOUTE NATURE.** (1) Même observation que pour les bois (page 27) lorsque les moulures seront enduites..	» »	» »
Faits sur d'anciens fonds conservés (*sans donner de couches*), compris les apprêts nécessaires et le vernis.	» »	1 75
NOTA. Sur les marbres, une couche de vernis gras peut toujours suffire.		
Nous ne faisons pas de différence entre les marbres blancs veinés, glacés au blanc d'argent, et ceux qui sont vernis. .	» »	» »
Non vernis, 0 f. 30 c. *de moins par mètre que ci-dessus.* .	» »	» »
Polis (*voir les prix aux peintures polies*), page 31. . . .	» »	» »
Vernis au vernis gras sur fond à l'huile. { 1 couche. . .	» »	2 35
Vernis au vernis gras sur fond à l'huile. { 2 couches. . .	2 60	2 80
Vernis au vernis gras sur fond à l'huile. { 3 couches. . .	3 00	3 15
Faits sur enduits en mastic à l'huile mélangé de céruse (*compris un enduit sur panneaux et champs seulement*), vernis au vernis gras sur fond à l'huile. { 1 couche. . .	3 30	3 45
{ 2 couches. . .	3 65	3 85
{ 3 couches. . .	4 10	4 30
BRONZES de **TOUTE NATURE.** à l'effet. Même observation que pour les bois (page 27) lorsque les moulures seront enduites.	» »	» »
Faits sur d'anciens fonds conservés (*sans donner de couches*), compris les apprêts nécessaires et le vernis. . . .	» »	1 60
NOTA. Sur les bronzes, une couche de vernis gras peut toujours suffire.	» »	» »
Non vernis, 0 f. 40 c. *de moins par mètre.*	» »	» »
NOTA. Les bronzes faits au bronze en poudre valent 0 f. 45 c. de moins par mètre que les bronzes à l'effet..	» »	» »

(1) Voir le mode de métrage, page 15, pour les parties à compter en linéaire et à la pièce dans les marbres de plusieurs espèces par compartiments.

Suite des OUVRAGES EN DÉCORS.

	Le Mètre superficiel, sur Objets	
	Neufs. Compris égrenage, époussetage et rebouchage.	Vieux. Compris lessivage (avec léger grattage) ou grattage à vif de colles (sur parties unies seulement) et rebouchage.
GRANITS CHIQUETÉS de 2 teintes. — Vernis au vernis gras sur fond à l'huile. 1 couche. .	» »	1 60
2 couches. .	1 80	1 95
3 couches. .	2 05	2 20
NOTA. Sur les granits chiquetés, une couche de vernis gras peut toujours suffire.	» »	» »
Non vernis, 0 f. 30 c. *de moins par mètre.*	» »	» »
Chaque teinte chiquetée en plus ou en moins, 0 f.40c. par mètre.		
GRANIT CHIQUETÉ ET CAILLOUTÉ, même prix que les marbres.	» »	» »
GRANITS JETÉS (Porphyre) de 2 teintes. — Sur fond à l'huile. 1 couche. .	» »	0 70
2 couches. .	0 90	1 05
3 couches. .	1 15	1 30
Chaque teinte jetée en plus ou en moins, 0 f. 10 c. par mètre.	» »	» »
BRIQUES FIGURÉES. — Ordinaires sur fond à l'huile. 1 couche. .	» »	1 35
2 couches. .	1 55	1 70
3 couches. .	1 80	1 95
Avec frottis. *Plus-value* du frottis, 0 f. 20 c. par mètre..	» »	» »
COUPE DE PIERRE sans frottis. — A joints d'appareil et aplomb à 1 filet sur fond à l'huile. 1 couche. .	» »	0 70
2 couches. .	0 90	1 05
3 couches. .	1 15	1 30
A joints d'appareil à 3 filets et aplomb à 1 filet sur fond à l'huile. 1 couche. .	» »	0 90
2 couches. .	1 10	1 25
3 couches. .	1 35	1 50
A joints d'appareil et aplomb à 3 filets sur fond à l'huile. 1 couche. .	» »	1 00
2 couches. .	1 20	1 35
3 couches. .	1 45	1 60
Plus-value de frottis, 0 f. 10 c. par mètre..	» »	» »
NOTA. Dans les deux coupes ci-dessus, les plafonds, quoiqu'à un filet, seront comptés de même que les murs, pour la difficulté de l'ajustement.	» »	» »
Les petites coupes de pierres au-dessous de 0,20 cent. de hauteur d'assise seront traitées de gré à gré.	» »	» »
COUTILS de diverses espèces (*voir au filage, page 58*)..	» »	» »

PEINTURES EN DÉTREMPE VERNIE.

Nous aurions bien aussi à faire quelques observations sur la détrempe vernie; nous nous en abstiendrons néanmoins, ce genre de peinture est aujourd'hui trop peu en usage (1).

Nous n'indiquons qu'une seule espèce de détrempe vernie, mais c'est une des plus convenables pour obtenir un bon résultat.

		Le Mètre superficiel, sur Objets	
		Neufs. Compris égrenage, époussetage et autres apprêts indiqués ci-dessous.	Vieux. Compris lessivage, (avec léger grattage) ou grattage à vif de colles (sur parties unies seulem¹) et autres apprêts indiqués ci-dessous.
PEINTURES EN DÉTREMPE VERNIE EN DIVERS TONS.	Composées d'un encollage à la colle double, d'un 1ᵉʳ rebouchage, d'un ponçage, d'un 1ᵉʳ blanc d'apprêt poncé, d'un 2ᵉ blanc poncé rebouché, d'un 3ᵉ blanc poncé et prélé, de 2 couches de teinte à la céruse de première qualité (2) détrempée très-liquide, avec moitié de colle double et moitié de colle de parchemin, 2 encollages très-légers à la colle de parchemin, et une couche de vernis blanc. . . . à 1 ton. . . . réchampies de 2 tons. . . .	2 50 2 75	2 65 2 90
	Chaque blanc d'apprêt poncé (soit en plus, soit en moins), 0 f. 15 c. *par mètre.*	» »	» »

(1) Nous dirons seulement que, pour l'ouvrier, *détrempe vernie* veut dire : LE PLUS GRAND SOIN.

(2) On ne peut vernir la détrempe qu'autant qu'elle a été apprêtée en conséquence. Deux couches de teinte à la céruse suffisent et sont toujours nécessaires.

PEINTURE POLIE,
à l'instar des caisses de voitures (1).

NOTA. Il en est des peintures polies comme de toute espèce de peintures; pour les avoir bien faites, il faut en payer la valeur.

		Le Mètre superficiel, sur Objets			
		Neufs. Compris égrenage, époussetage et autres apprêts indiqués ci-dessous.		Vieux. Compris lessivage (avec léger grattage) ou grattage à vif de colles (sur parties unies seulement) et autres apprêts indiqués ci-dessous.	
NOTA. Il en est des peintures polies comme de toute espèce de peintures; pour les avoir bien faites, il faut en payer la valeur.		»	»	»	»
Composées d'un ponçage à l'eau sur les anciens fonds, d'une couche à l'huile, d'un rebouchage fait avec grand soin, de 2 couches de teinte au vernis, de 2 couches de vernis gras, d'une couche de vernis anglais, d'un polissage et d'un lustrage..	D'un seul ton. . .	»	»	11	50
	Réchampies de 2 tons	»	»	13	00
	En bois de toute nature. . . .	»	»	16	00
	En marbre de toute nature. . .	»	»	14	00
NOTA. Il y a des personnes qui, pour polir le vernis, en donnent trois couches; d'autres n'en donnent que deux, et obtiennent un résultat tout aussi satisfaisant; un léger polissage peut même se faire sur une seule couche.		»	»	»	»
Le vernis anglais peut aussi se polir, mais la dépense en serait plus grande.		»	»	»	»
Composées d'une première couche à l'huile, d'un rebouchage des gros trous en mastic à l'huile, de 4 couches de teinte dure (2), d'un second rebouchage fait avec grand soin à la céruse au vernis avant la dernière couche de teinte dure, d'une couche de guide à l'essence, d'un ponçage à l'eau, de 2 couches de teinte au vernis, de 2 couches de vernis gras, d'une couche de vernis anglais, d'un polissage et d'un lustrage.	D'un seul ton. .	14	00	14	15
	Réchampies de 2 tons	16	00	16	15
	En bois de toute nature. . . .	19	00	19	20
	En marbre de toute nature. . .	16	50	16	65
Chaque couche de teinte dure (soit en plus, soit en moins), 0 f. 40 c. par mètre.		»	»	»	»
Chaque couche de teinte au vernis (soit en plus, soit en moins), 0 f. 60 c. par mètre.		»	»	»	»

PEINTURES POLIES.

(1) La peinture polie, qui, par sa nature, exige une infinité de soins de toute espèce, ne peut donc signifier pour l'ouvrier que TRÈS-GRAND SOIN, puisque ce *très-grand soin* est indispensable pour le bon résultat de son exécution.

(2) Les couches de teinte dure peuvent se donner en rouge et en jaune alternativement.

	Le Métre superficiel, sur Objets	
	Neufs. Compris égrenage, époussetage et autres apprêts indiqués ci-dessous.	Vieux. Compris lessivage (avec léger grattage) ou grattage à vif de colles (sur parties unies seulement) et autres apprêts indiqués ci-dessous.

PEINTURES POLIES (Suite).

Chaque couche de vernis gras à polir (soit en plus, soit en moins), 0 f. 50 c. par mètre. . . . .   » »   » . »

NOTA. On fait des peintures polies unies ou en décors à l'intérieur, sur objets neufs comme sur objets vieux, dans lesquelles les couches de teinte dure à l'huile sont remplacées par des couches de blanc à la colle. On comprendra facilement que ces deux genres de travaux ne peuvent être comparés l'un avec l'autre pour la solidité. . . . .   » »   » »

On a fait des peintures que l'on a nommées peintures polies, qui étaient composées d'une couche d'impression, de deux couches de teinte et de deux couches de vernis, sur lesquelles on a fait le poli ; on en a même fait que l'on n'a vernies qu'à une seule couche, sur laquelle on a fait le poli. . . . .   » »   » »

On ne fera de ces sortes de travaux que lorsqu'ils seront expressément ordonnés. . . . .   » »   » »

OUVRAGES A LA COLLE.

	Le Mètre superficiel.	

NOTA. Il est difficile de faire de belles et bonnes peintures à la colle par les grandes chaleurs; dans toutes les saisons, le grand nombre de couches n'est pas toujours la cause du meilleur résultat. .   » »

Sur les sculptures, moins on donne de couches d'apprêt ou de teinte, moins on est exposé à empâter les ornements. . . . .   » »

Les peintures à la colle sur plâtres neufs, aussi bien sur les plafonds que sur les murs, sont infiniment plus belles, et nous ne craignons pas de dire aussi plus solides, si l'on donne la deuxième couche avant que la première soit entièrement sèche (*c'est ce que l'on nomme vulgairement 2 couches croisées*).   » »

ENCOLLAGE.   (Fait sans autre travail). 0 10

ÉCHAUDAGE pour apprêts.   (*Voir le prix aux ouvrages à la chaux, page 35*). . . . . . . : . .   » »

NOTA. Nous rappelons que l'échaudage, notamment par les grandes chaleurs, ne doit pas être omis pour faire des peintures à la colle. (*Voir aux observations sur la peinture à la colle, page 4.*)   » »

Suite des OUVRAGES A LA COLLE.

					Le Mètre superficiel, sur Objets		
					Neufs.	Vieux (1).	
					Compris égrenage, époussetage et autres apprêts indiqués ci-dessous.	Compris époussetage et lavage ou échaudage à la chaux à l'eau, et autres apprêts indiqués ci-dessous.	Compris grattage de colles (sur parties unies seulement) ou lessivage (avec léger grattage) et autres apprêts indiqués ci-dessous.
	ORDINAIRES, Pour murs, plafonds, cabinets, couloirs et petites pièces analogues dans les appartements, cuisines, escaliers, étages en comble, remises, écuries, hangars et autres endroits analogues.	Non rebouchées.		1 couche. .	0 15	0 15	0 20
				2 couches. .	0 20	0 20	0 30
		Rebouchées. .		1 couche. .	0 25	0 25	0 30
				2 couches..	0 35	0 35	0 45
				3 couches. .	0 40	0 40	0 55
PEINTURES en **DIVERS TONS,** (2) tels que blanc, gris, couleur de pierre, couleur de bois, gris perle, lilas, rose, chamois, vert d'eau, bleu pâte et autres tons analogues. (3)	**SOIGNÉES,** Pour pièces principales d'appartements, telles que : antichambres, salles à manger, salons, chambres à coucher, boudoirs et autres pièces ou endroits analogues, soit dans les appartements, soit ailleurs.	D'un seul ton. (*Pour appliquer le prix, voir le renvoi* (4) *de la page 21.*)	Non rebouchées	1 couche.	0 15	0 20	0 25
				2 couches.	0 25	0 30	0 45
			Rebouchées (*non poncées*)	1 couche.	0 25	0 25	0 35
				2 couches.	0 40	0 40	0 50
				3 couches.	0 50	0 50	0 65
			Poncées à sec, rebouchées.	1 couche.	» »	0 40	0 45
				2 couches.	0 50	0 60	0 70
				3 couches.	0 70	0 80	0 95
		Réchampies de 2 tons une fois. (*Pour appliquer le prix, voir les renvois* 7 *et* 8 *de la page 21.*)	Non rebouchées.	1 couche.	0 25	0 30	0 40
				2 couches.	0 35	0 40	0 55
			Rebouchées (*non poncées*)	1 couche.	0 40	0 40	0 50
				2 couches.	0 55	0 55	0 70
				3 couches.	0 65	0 70	0 80
			Poncées à sec, rebouchées.	1 couche.	» »	0 55	0 60
				2 couches.	0 60	0 70	0 80
				3 couches.	0 85	0 95	1 05
		Réchampies de 2 tons une deuxième fois, 0 f. 10 c. en sus par mètre (4).			» »	» »	» »

(1) Lorsque les parties grattées seront échaudées, l'échaudage sera compté en plus, aux prix indiqués page 35.

(2) Nous renvoyons aux ouvrages à l'huile pour les observations relatives aux peintures teintées avec des couleurs fines, page 21, ainsi que pour les soins de toute espèce, qui ne sont pas moindres pour les peintures à la colle que pour les peintures à l'huile.

Nous y renvoyons également pour les apprêts et les réchampissages de deux tons, et pour ce que ces travaux veulent dire pour l'ouvrier.

(3) On pourrait supposer, avec quelque apparence de raison, que les couches de teinte doivent être plus chères que les encollages; mais, si l'on pense que pour les encollages la colle est employée pure, et que pour les couches de teinte elle est toujours mélangée d'une certaine quantité d'eau (*bien qu'il entre un peu de couleurs fines dans la composition de quelques tons*), on reconnaîtra que la différence dans le prix n'est pas appréciable, aussi n'en avons-nous pas tenu compte.

Si l'on examine, en outre, que la peinture des plafonds offre plus de difficulté que celle des murs, on ne sera pas surpris de la voir portée aux mêmes prix, bien que pour les plafonds elle soit moins collée que pour les murs. (*Voir les observations sur la Peinture à la colle, page* 4.)

(4) Lorsque l'on donne plusieurs couches de teinte, il n'en est pas des peintures de 2 tons à la colle comme de celles à l'huile; souvent on en fait de très-belles qui ne sont réchampies qu'une fois, tandis qu'à l'huile, lorsqu'on donne 2 couches, il faut toujours réchampir deux fois.

			Le Mètre superficiel, sur Objets		
			Neufs.	Vieux.	
			Compris égrenage, époussetage, ponçage à sec et rebouchage.	Compris époussetage et lavage ou échaudage à la chaux à l'eau, ponçage à sec et rebouchage.	Compris grattage de colles (sur parties unies seulement) ou lessivage (avec léger grattage), ponçage à sec et rebouchage.

Suite des OUVRAGES A LA COLLE.

		Plus-value à ajouter par mètre superficiel aux prix des peintures en divers tons pour chaque couche de couleurs fines ou foncées.			
PEINTURES EN COULEURS FONCÉES ET EN COULEURS FINES (en plus-value des Peintures en divers tons).	NOTA. Nous faisons pour ces couleurs les mêmes observations qu'aux peintures en couleurs fines à l'huile. (*Voir aux couleurs fines à l'huile, page* 22.)				
	Noir, brun, rouge et jaune (ocre). . .	0 05			
	Brun Van-Dyck.	0 15			
	Verts *de différentes espèces ou de diverses nuances composées.* . . .	0 30			
	Jaunes de chrôme.	0 15			
	Bleus foncés (*dits gros bleus*). . .	0 20			

Chaque teinte de granit jaspé, 0 f. 10 c. *par mètre.*

			Neufs	Vieux (1)	Vieux (2)
PEINTURES EN BLANC MAT.	NOTA. Le beau blanc mat à la colle ne peut s'obtenir que par l'emploi du blanc de Meudon; la céruse et le blanc d'argent jaunissent trop promptement.		» »	» »	» »
	1 couche.		» »	0 45	0 60
	2 couches.		0 65	0 70	0 90
	3 couches.		0 90	0 95	1 10
	4 couches.		1 10	1 15	1 30
	NOTA. 2 couches de teinte ne sont pas toujours nécessaires, mais dans tous les cas elles suffisent sur les apprêts.				
RÉCHAMPISSAGE EN RECOUPEMENT DE DORURE en plus-value des peintures à la colle de toute espèce (1).	*Un quart* en sus du prix des mêmes réchampissages en plus-value des peintures à l'huile, page 23. .		» »	» »	» »

(1) La peinture à la colle est plus belle avec l'or que la peinture à l'huile; mais, comme elle ne peut se faire qu'après l'achèvement de la dorure, soit à l'huile, soit à l'eau, le réchampissage en rend le prix très-élevé; aussi beaucoup de personnes préfèrent-elles la peinture à l'huile, qui est plus solide, et qui le plus souvent n'offre pas une grande différence de prix, attendu que l'on peut toujours la faire avant la dorure (excepté la dorure à l'eau). (*Voir le mode de métrage de ces réchampissages*, pages 10 et 11.)

OUVRAGES A LA CHAUX (1).

		Le Mètre superficiel, sur Objets	
NOTA. Voir le mode de métrage du badigeon à la chaux, *page 13.*		**Neufs.** Compris égrenage et époussetage, ou pour apprêts de peintures à la colle.	**Vieux.** Compris époussetage et grattage.
A la chaux à l'eau . . . . . . { 1 lait. . . .		0 06	0 08
2 laits. . . .		0 10	» »
A la chaux à l'huile. . . . . . { 1 lait. . . .		0 12	» »
2 laits. . . .		0 22	» »

ÉCHAUDAGE.

NOTA. L'échaudage à la chaux à l'huile ne s'emploie que sur des parties de plâtre ou boiseries unies et non sur celles qui sont ornées de moulures, car il en altérerait la forme. Il a la propriété d'empêcher le roux des plâtres, de tacher les peintures à la colle que l'on fait dessus. Une couche de cet échaudage suffit généralement, excepté dans quelques cuisines, où souvent deux couches sont nécessaires. Dans la belle saison et par un temps sec, avec un échaudage à l'huile et une couche de peinture à la colle, on obtient souvent un bon résultat; mais, dans l'hiver, deux couches à la colle sont indispensables. On pourrait presque dire que, pour arrêter le roux des plâtres, cet échaudage vaut l'huile : il se compose de chaux éteinte dans la colle au lieu d'eau, et dans laquelle, au moment de l'ébullition, on jette environ 15 litres d'huile par hectolitre de chaux, ce qui forme une pâte que l'on délaye ensuite très-liquide à la colle, au moment de son emploi. . . . .

		» »	» »

(1) Beaucoup de personnes pensent que l'emploi de la chaux vive a la propriété de détruire les punaises. Les remarques que nous avons faites nous font penser le contraire.

L'eau seconde, l'essence, ou tout autre acide ou alcali peuvent les détruire, mais pour cela faut-il encore qu'elles soient atteintes par ces liquides. Le moyen le plus sûr, pour ne pas en avoir, *c'est de nettoyer souvent les endroits où il s'en trouve.*

Un moyen très-simple, qui est généralement dédaigné en raison de l'odeur qui s'exhale au moment de son emploi, et qui nous a très-souvent réussi, c'est une grande quantité d'ail que l'on fait parfaitement cuire dans la colle qui sert à encoller les murs et à faire le mastic avec lequel on rebouche tous les trous avant de peindre (à la colle) ou de coller le papier. Si quelquefois le but que l'on se proposait n'a pas été atteint, c'est que probablement l'on n'avait pas employé une suffisante quantité d'ail, ou que cet ail n'avait pas été assez cuit. Peut-être même parfois nous en sommes-nous trop rapporté à l'odeur, sans nous rendre compte si ce n'étaient pas *les bords du seau seulement* qui étaient frottés d'ail. Ce qui est un fait certain pour nous, c'est que, chaque fois que nous avons pu suivre avec soin cette simple opération, nous en avons remarqué et recueilli les bons effets pendant longtemps.

On peut aussi faire cuire de l'ail dans l'eau dont on se sert pour délayer la colle de pâte avec laquelle on colle le papier de tenture.

		Le Mètre superficiel, sur Objets	
Suite des OUVRAGES A LA CHAUX.		Neufs. Compris égrenage et époussetage	Vieux. Compris époussetage et grattage.
BADIGEON A LA CHAUX, en couleur de pierre ou en gris (1).	1 couche.	0 08	0 10
	2 couches.	0 12	0 15
	NOTA. Les badigeons faits dans la belle saison sont très-beaux et toujours d'une teinte égale (*quand toutefois ils sont bien faits*); mais les badigeons faits dans l'hiver, ne séchant pas très-bien, restent nuancés.	» »	» »
	Nous pensons qu'on devrait badigeonner les façades de maisons à mesure qu'on en fait les plâtres; car, ces derniers étant humides, la chaux ferait corps avec eux, et nous croyons que les badigeons faits ainsi auraient une plus grande solidité que ceux qui seraient faits avec de l'alun, auquel nous n'accordons qu'une partie de la propriété qui lui est attribuée, et que la modicité du prix alloué pour le badigeon ne permet pas d'employer souvent. . . .	» »	» »
	Nous pensons, de plus, pouvoir exprimer notre opinion sur le badigeon à la chaux, en disant que, dans les localités souterraines (*notamment les cuisines*), il doit être préféré à la peinture à l'huile, qui a le grave inconvénient d'empêcher les murs d'absorber l'humidité dont l'air est toujours chargé dans ces endroits, ce qui les rend encore plus insalubres pour l'habitation. . .	» »	» »
CREVASSES EN PLATRE sur ravalements. (*Voir le prix aux ouvrages divers*, page 50.).		» »	» »

(*Voir le prix aux ouvrages divers*, page 50.)

OUVRAGE A LA FÉCULE

DE POMME DE TERRE.

La fécule, qui a l'avantage sur la colle d'être plus blanche et de pouvoir s'enlever à l'éponge sans que l'on soit obligé de gratter lorsqu'on veut repeindre, ne peut s'employer que sur des plafonds neufs, en raison de son peu de solidité.

	Le Mètre superficiel.
BLANC DE PLAFOND, à la fécule, 2 couches, compris égrenage et rebouchage. . . .	0 f. 20 c.

NOTA. On ne peut peindre à la fécule qu'à deux couches, parce que, à une couche, les pores des plâtres ne seraient pas remplis, et le résultat serait plus beau si l'on donnait la deuxième couche avant que la première fût sèche.

Il est à regretter qu'on ne puisse pas peindre avec la fécule d'autres objets que des plafonds; car la fécule n'étant pas, comme la colle, sujette à se décomposer à la moindre humidité, elle ne laisserait pas, comme cette dernière, une poussière noirâtre sur toute la surface des objets, qui, à la vérité, disparaît en époussetant, mais qui se renouvelle chaque hiver, surtout à la campagne. C'est par cette raison que nous recommandons particulièrement la fécule pour les peintures des plafonds, faites à la campagne, car on les trouvera aussi fraîches au printemps qu'on les aura laissées à l'automne. . . . . .

(1) Si les frais qui résultent des dégâts occasionnés aux gouttières et à la toiture étaient à la charge de l'entrepreneur, il prendrait généralement plus de soins pour les éviter.

APPRÊTS EXTRAORDINAIRES (1).

(*Voir le mode de métrage de ces apprêts, pages 11, 12 et 13.*)

			Le Mètre superficiel.
	De colle (*détrempe mate*).	**Sur parties unies.** NOTA. Le grattage de colle sur parties unies fait partie des apprêts que nous avons compris avec les peintures. . . .	» »
		Sur moulures et parties analogues (*indiquées au mode de métrage, page 12*). .	2 00
		Sur sculptures.	8 00
	D'huiles gercées ou de détrempes vernies. . .	Sur parties unies.	1 50
GRATTAGE A VIF		Sur moulures et parties analogues (*indiquées au mode de métrage, page 12*). ..	4 50
(en plus-value des apprêts, compris avec les peintures sur objets vieux)		Sur sculptures.	15 00
	NOTA. Grattage veut dire : *enlèvement de toute la couleur* qui se trouve sur les objets que l'on veut peindre, en conservant, toutefois, les arêtes, profils et ornements des moulures et des sculptures, aussi bien sur les bois que sur les plâtres. Ce travail, qui se fait rarement, exige des soins minutieux de la part des ouvriers, et les oblige à passer un temps considérable pour obtenir une exécution parfaite.		» »
	Les grattages sur boiseries à moulures ou sculptures font non-seulement découvrir les défauts qui peuvent se trouver dans la menuiserie, mais ils les augmentent, malgré les soins que sont obligés de prendre les ouvriers en faisant ce travail; et, quoiqu'il en résulte toujours un ponçage et un rebouchage considérables, cela ne motive nullement l'encollage que l'on met quelquefois sur les boiseries grattées ni le rebouchage en mastic à la colle que l'on y fait.		» »
	D'anciennes huiles sur des balcons et panneaux à enroulements ornés, et à ornements, mesuré de la même manière que la peinture de ces objets. Le mètre superficiel pour deux faces.		10 00
	(*Voir le mode de métrage de ces objets, page 13.*).		» »
BRULAGE ET GRATTAGE D'ANCIENNES HUILES (en plus-value des apprêts compris avec les peintures sur objets vieux).	Mêmes prix et mêmes observations que pour le grattage *d'huiles gercées ou de détrempe vernie ci-dessus.* . . .		» »

(1) Les apprêts extraordinaires, n'étant faits que dans des cas exceptionnels ou pour des travaux de premier ordre, sont de ceux qui, par leur nature, veulent dire pour l'ouvrier : TRÈS-GRANDS SOINS : en effet, il est obligé d'en apporter de *très-grands*, puisque de ces apprêts dépend presque tout l'effet de la peinture; on ne doit donc pas être étonné de leurs prix élevés.

	Le Mètre superficiel.

Suite des APPRÊTS EXTRAORDINAIRES.

En plâtre.
- Sur parties unies.. — 0 65
- Sur moulures et sur parties analogues (*indiquées au mode de métrage, page* 12).. — 1 70

NOTA. Les enduits en plâtre, quand on peint à l'huile, peuvent se faire sans inconvénient sur les pierres poreuses : à cet effet, on délaye très-liquide du plâtre passé au tamis de soie; on en donne avec la brosse 3 et 4 couches, que l'on nettoie parfaitement au grattoir. Ces enduits sur les pierres très-poreuses doivent non-seulement être préférés aux enduits en mastic à la colle, mais encore ils peuvent en quelque sorte remplacer ceux qui seraient faits en mastic à l'huile pour travaux ordinaires. — » : »

ENDUIT.
(Voir le mode de métrage des enduits, page 12.)

En mastic à la colle.
- Sur parties unies.
  - Sur murs.. — 0 45
  - Sur panneaux et champs de boiseries. — 0 65
- Sur moulures et sur parties analogues (*indiquées au mode de métrage, page* 12). — 1 15

En mastic à l'huile mélangé de céruse (1).
- Sur parties unies.
  - Sur murs déjà peints. — 0 80
  - Sur murs qui n'ont pas encore été peints *et avant de donner aucune couche de peinture*. — 0 90
  - Sur panneaux et champs de boiseries. — 1 20
- Sur moulures et sur parties analogues (*indiquées au mode de métrage, page* 12). — 2 00

En mastic à la céruse sans mélange { 0 f. 50 c. par mètre de plus que l'enduit en mastic à l'huile ci-dessus. — » »

NOTA. L'enduit en mastic à l'huile ne peut souffrir aucune médiocrité : qui dit enduit veut dire *plus de trous*. La dénomination de *demi-enduit* est tellement vague, que nous ne la comprenons même pas; il ne nous a donc pas été possible d'en établir le prix. — » »

PONÇAGE A L'EAU.
(Voir le mode de métrage des ponçages à l'eau, page 13.)
- Sur parties unies.
  - Sur murs. — 2 00
  - Sur panneaux et champs de boiseries. — 2 50
- Sur moulures et sur parties analogues (*indiquées au mode de métrage, page* 13). — 4 90

NOTA. Le ponçage à l'eau doit donner presque le poli de la glace aux parties unies et aux moulures, car il doit faire disparaître non-seulement toutes les aspérités, mais encore tous les pores des objets, surtout s'il est fait sur des couches de teinte dure.

CALICOT
(de 350 fils par décimètre carré).
Fourni et collé à la colle de pâte sur le bois, avec rebouchage préalable et ponçage pour le recevoir, couché ensuite de deux blancs d'apprêts à la colle, et poncé avant l'application des peintures. — 1 35

(1) Le mastic à l'huile mélangé de céruse ne doit être composé qu'avec de la céruse broyée très-épais, que l'on amène à l'état de mastic par l'addition du blanc d'Espagne en poudre.
Nous avons remarqué qu'en substituant de la céruse en poudre au blanc d'Espagne (pour amener la céruse à l'huile à l'état de mastic), l'huile n'étant plus en assez grande abondance pour pénétrer toutes les molécules de la céruse en poudre, il en est résulté, au bout d'un certain temps, après l'emploi, que les parties de peinture où se trouvaient des mastics faits ainsi sont tombées en poussière. Nous devons ajouter que ces effets ne se sont produits généralement que sous des peintures vernies.

ENDUITS EN MASTIC A L'HUILE.

Les enduits en mastic à l'huile se font de deux manières :

L'une, exactement la même que celle suivie jusqu'à ce jour, consiste à donner une première couche à l'huile, sur laquelle on fait les enduits aussi bien sur les plâtres que sur les bois, ou même sur d'anciens fonds à l'huile ;

La deuxième manière consiste à faire ces enduits sur tous les objets qui n'ont pas encore été peints, et sans leur donner aucune couche (1).

Les enduits faits de cette dernière manière peuvent paraître moins solides que les précédents; aussi, avant de nous prononcer, attendrons-nous qu'un temps suffisant se soit écoulé pour être à même d'en juger les résultats.

Les enduits en mastic à l'huile peuvent se faire soit en céruse, soit en brun, en rouge, en jaune, en noir ou en toute autre couleur, et même avec des couleurs fines. On peut aussi varier les nuances de ces enduits à l'infini, suivant les tons que l'on veut peindre dessus. Pour les couleurs de bois, le gris ardoise, le brun ou tous autres tons foncés analogues, on pourra ne donner qu'une seule couche sur ces enduits; et, pour tous les tons clairs, tels que gris perle, lilas, rose, chamois, vert d'eau, bleu pâle et autres analogues, on pourra ne donner que deux couches.

En donnant à ces enduits des tons de bois, de marbre et de bronze, on peut, dans quelques cas, y exécuter ces sortes de décors, sans être obligé de donner des couches de fond.

Ces derniers détails peuvent faire supposer qu'avant peu il sera possible de faire des peintures à l'huile par enduits, sans donner de couches, notamment sur les murs unis.

A cette occasion, nous nous permettrons d'appeler l'attention des hommes de science et des amateurs de peinture sur la possibilité qu'un jour les beaux tons unis, que les anciens obtenaient par l'emploi des couleurs à la cire, nous soient rendus à l'aide de la truelle.

---

(1) M. Guillot (de Clermont-Ferrand) est le premier qui a fait ces sortes d'enduits, à l'aide d'une truelle ; la promptitude avec laquelle ils se font, notamment sur les grandes parties, nous permet d'espérer qu'en modifiant et en perfectionnant la truelle on pourra faire des peintures sur enduits à très-bon compte.

OUVRAGES SUR ANCIENNES PEINTURES CONSERVÉES.

Voir le mode de métrage de ces peintures, page 17, qui diffère du mode de métrage des peintures neuves.

	Le Métre superficiel.	
	Non revernies.	Revernies ou glacées au blanc d'argent (2).
ÉPOUSSETAGE seulement (*sans autre travail*) de peintures à l'huile ou à la colle.	0 04	» »
LESSIVAGE (*seulement*) de peintures à l'huile conservées (1). — Sur murs d'escaliers, de vestibules, de cours, de façades de maisons et autres grandes parties analogues, soit en tons unis, soit en décors, produisant environ 100 mètres superficiels.	0 08	0 40
Sur peintures ordinaires, produisant moins que ci-dessus.	0 12	0 50
Sur peintures soignées et sur peintures en décors, produisant moins de *cent mètres*.	0 18	0 60
Nous osons dire que peu de personnes se pénètrent de l'importance de ce lessivage, duquel dépend l'entretien des peintures, souvent même de magnifiques décorations; mais la modicité du prix alloué jusqu'ici pour le faire ne permettant pas au peintre d'apporter tous les soins qu'exige ce travail, il est souvent obligé d'employer l'eau seconde plus forte qu'il ne convient, afin d'aller plus vite pour ne pas y perdre : aussi préfère-t-il, en pareil cas, donner une couche, laquelle, du moins, lui est payée sa valeur. . . .	» »	» »

(1) Un entrepreneur revoit toujours avec plaisir des peintures qu'il a exécutées, et si ces peintures sont bien conservées, il a la satisfaction de voir qu'elles ont été bien entretenues; mais, s'il voit le contraire, il ne suppose pas que l'on en ait déjà oublié la dépense, mais bien que l'on ignore les moyens faciles et économiques que l'on peut employer pour les conserver longtemps.

Lessivage veut dire : *enlèvement de la malpropreté*. Ainsi, n'importe par quel moyen, il suffit de rendre propres les objets lessivés. Nous indiquons à cette occasion un moyen bien simple, et qui n'a pas les mêmes inconvénients que l'eau seconde, lorsque surtout elle est employée par des mains inexpérimentées. Il s'agit simplement de délayer de la terre franche (terre à poêle) dans de l'eau, et assez liquide pour qu'elle puisse être passée dans un linge ou tamis fin (*la terre à poêle rend l'eau savonneuse sans laisser de grains lorsqu'elle est passée dans un linge fin*), d'en couvrir et d'en frotter légèrement la surface des objets que l'on veut nettoyer, de laver ensuite le tout à grande eau, et de l'essuyer avec une peau de mouton ou un linge. Le nettoyage fait ainsi sera toujours parfait, et l'on n'aura à craindre aucune espèce de dégât sur les peintures.

La cendre employée de la même manière doit être préférée pour nettoyer les parties les plus malpropres.

Il est peu de personnes qui n'aient remarqué que dans les temps humides, notamment l'hiver par les dégels, l'eau est en grande abondance sur les murs peints à l'huile. Si l'on avait la précaution de saisir ces instants d'humidité et d'éponger avec de l'eau très-propre les murs d'escalier, ou d'autres endroits peints à l'huile, en ton uni ou en décors, on obtiendrait presque un résultat tout aussi satisfaisant que celui que pourrait produire un lessivage pour conserver, puisque la poussière et les malpropretés se trouvent naturellement détachées des peintures sans aucun effort, et sans l'emploi de l'alcali, qui les altère toujours un peu.

(2) L'application du vernis ne doit avoir lieu sur les peintures que quand toute la malpropreté en a été enlevée par le

Suite des OUVRAGES SUR ANCIENNES PEINTURES CONSERVÉES.	Le Mètre superficiel.	
	Non revernies.	Revernies ou glacées au blanc d'argent (1).
NOTA. Le mot raccord veut dire : *plus de taches*. Comme la couleur et le mastic permettent aux peintres de faire le ton qu'ils veulent, les raccords ne doivent donc pas se voir, autrement les taches auraient changé de nature (2).	» »	» »
LESSIVAGE, REBOUCHAGE ET RACCORDS de peintures à l'huile conservées. — Sur peintures ordinaires..	0 25	0 60
Sur peintures soignées d'un, de deux et de trois tons (*dont un en blanc d'argent*), et sur celles en blanc mat au blanc d'argent.	0 35	0 75
Sur peintures en décors, telles que marbres, granits chiquetés et jetés, briquetages, coupes de pierres et coutils.	0 25	0 55
telles que bois et bronzes.	0 45	0 85
NOTA. Les raccords de peintures unies ou de plusieurs tons au-dessus de 1,00 de surface, et ceux en décors au-dessus de 0,50 de surface, seront déduits des parties raccordées et comptés à part suivant leur nature..	» »	» »
RACCORDS de peintures à la colle conservées (*avec époussetage préalable et grattage des taches*). — Sur peintures ordinaires..	0 10	» »
Sur peintures soignées d'un, de deux et de trois tons (*dont un en blanc*), et sur celles en blanc mat. . . .	0 15	» »
NOTA. Les raccords de peintures à la colle occasionnent beaucoup plus de perte de temps que ceux qui sont faits à l'huile, par les difficultés de raccorder les teintes.	» »	» »
Les raccords au-dessus de 1 mètre de surface seront déduits des parties raccordées et comptés à part.	» »	» »

lessivage; il arrive quelquefois qu'après cette opération il se trouve de grandes parties nuancées que les ouvriers ne peuvent faire disparaître; ils accusent souvent ceux qui ont verni les peintures d'avoir fait des omissions; ils n'ont raison que jusqu'à un certain point (les oublis de vernis ne peuvent être que quelques taches partielles); car, s'ils se donnaient la peine de frotter ces nuances un peu fort avec de la cendre, ils reconnaîtraient bientôt que ce n'est autre chose que la malpropreté qui est fixée plus fortement dans ces endroits, et ils ne recouvriraient pas de vernis cette malpropreté qui ne peut plus disparaître ensuite qu'en peignant de nouveau.

(1) *Voir l'observation faite au renvoi (2) de la page 40 pour le vernissage des peintures.*

(2) Il arrive souvent que, pour mieux voir le ton des peintures à raccorder, on les revernit avant de faire les raccords : ceci est très-mauvais; mais ce qui est bien plus mauvais encore, c'est que, si l'on a négligé de revernir toutes les parties raccordées, il faut s'attendre à ce que bientôt toutes les parties sur lesquelles il n'aura pas été passé de vernis seront autant de taches nouvelles qui deviendront plus apparentes à mesure que le temps s'écoulera.

OUVRAGES SUR OBJETS EN LINÉAIRE.

		Le Mètre linéaire, sur Objets	
		Neufs. Compris égrenage, époussetage, et autres apprêts ordinaires.	Vieux. Compris lessivage ou grattage de colles et autres apprêts ordinaires.
En divers tons, tels que gris, gris perle, blanc mat, lilas, rose, chamois, vert d'eau, bleu pâte et autres tons analogues. — A l'huile.	1 couche ou imprimés.	0 06	0 08
	2 couches.	0 11	0 13
	3 couches.	0 15	0 17
A la colle.	1 couche.	0 04	0 05
	2 couches.	0 06	0 08
	3 couches.	0 08	0 10
En minium, à l'huile.	1 couche.	0 08	» »
	2 couches.	0 15	» »
En brun Van-Dyck, en bleu d'acier, en vert, en jaune, en amarante, à l'huile grasse.	1 couche.	0 10	0 12
	2 couches.	0 18	0 21
	3 couches, *dont une en divers tons.*	0 24	0 28
En vermillon, 0 f. 30 c... En bleu de cobalt, 0 f. 55 c. En outremer, 0 f. 45 c... Le mètre par couche. Jusqu'à 10 cent. de pourtour. Au-dessus, *en surface. Les couches de fond et apprêts se comptent au prix des barreaux en div. tons.*		» »	» »

BARREAUX, BARRES et autres objets analogues, jusques et compris 15 centimètres de pourtour.

NOTA. Pour le brun Van-Dyck, le bleu, le vert, le jaune, l'amarante et le vermillon, une couche suffit généralement sur objets vieux; il ne sera donc donné et compté deux couches que lorsqu'elles auront été expressément ordonnées. | » » | » »

Glacés.			
de laque, de bleu, de terre de Sienne et d'autres tons, 15 c. *par mètre pour chaque couche.*		» »	» »
de bleu de cobalt, 30 c. *par mètre idem.*		» »	» »
d'outremer, 25 c. *par mètre idem.*		» »	» »
de carmin, 30 c. *par mètre idem* jusqu'à 0,10 de pourtour. Au-dessus, de 0,10 en surface.		» »	» »
Vernis au vernis gras, 1 couche, 0 f. 07 c. *par mètre.*		» »	» »
En noir au vernis gras, 1 couche.		0 12	0 15

NOTA. Le vernis gras doit être préféré au vernis à l'esprit-de-vin pour ce travail, car le vernis à l'esprit-de-vin a l'inconvénient de se décomposer plus vite et de noircir les objets qui touchent les barreaux. | » » | » »

	Le Mètre linéaire, sur Objets	
Suite des OUVRAGES SUR OBJETS EN LINÉAIRE.	Neufs. Compris égrenage, époussetage et autres apprêts ordinaires.	Vieux. Compris lessivage, grattage de colles et autres apprêts ordinaires.
En vert, ou en brun Van-Dyck au vernis gras, 1 couche.	0 18	0 21
NOTA. Les rampes et les ferrures qui sont faites au vernis ont presque le même poli et le même brillant que celles qui sont vernies au four, tandis que celles que l'on fait à l'huile grasse sont toujours grenues, et la poussière qui s'y attache en rend la couleur terne en très-peu de temps, à moins qu'on ne les vernisse, ce qui fait un double travail.	» »	» »
Avec le noir, le vert et le brun Van-Dyck, employés au vernis, on obtient un bon résultat, et une seule couche suffit toujours sur objets vieux ou sur impression d'objets neufs.	». »	» »

Suite des BARREAUX, BARRES et autres objets analogues, jusques et compris 15 centimètres de pourtour.

Bronzés

Au bronze rouge ou jaune, en poudre.

Sur fond à l'huile (non verni).

1 couche.	0 20	0 22
2 couches.	0 25	0 28
3 couches.	0 30	0 32
Sur fond au vernis gras, une couche.	0 25	0 27

A l'effet.

Sur fond à l'huile (non verni).

1 couche .	0 25	0 27
2 couches.	0 30	0 32
3 couches.	0 35	0 37
Sur objets vieux (sans donner de couches de fond), compris apprêts nécessaires.	» »	0 20

NOTA. Pour les barreaux en bronze, une couche de fond sur objets vieux et deux couches sur objets neufs suffisent généralement dans les intérieurs. . . . . » » | » »

En bois de décors

Vernis au vernis gras sur fond à l'huile. . . . .

1 couche .	0 30	0 32
2 couches.	0 35	0 37
3 couches.	0 40	0 42
Sur objets vieux (sans donner de couches de fond), compris apprêts nécessaires et vernis.	» »	0 25

Lessivés pour conserver, 0 f. 03 c. par mètre.	» »	» »
Lessivés et revernis au vernis gras, 0 f. 15 c. par mètre. .	» »	» »
Grattés à vif sur anciennes huiles et ensuite passés au papier de verre, 0 f. 30 c. par mètre pour plus-value..	» »	» »

NOTA. Le grattage des barreaux ne sera fait et compté que lorsqu'il aura été expressément ordonné.

Chaque réchampissage de barreaux ou parties analogues (jusqu'à 15 centimètres de pourtour) en recoupement d'une partie dorée, 0 f. 03 c. la pièce, en plus-value pour chaque couche. . .	» »	» »

Suite des OUVRAGES SUR OBJETS EN LINÉAIRE.

	Le Mètre linéaire, sur Objets	
	Neufs. Compris égrenage, époussetage, rebouchage et autres apprêts ordinaires.	**Vieux.** Compris lessivage ou grattage de colles, rebouchage et autres apprêts ordinaires.
En divers tons, tels que gris, noir, brun et autres tons analogues. A l'huile. 1 couche ou imprimés.	0 08	0 10
2 couches.	0 15	0 17
3 couches.	0 20	0 23
A la colle. 1 couche.	0 05	0 07
2 couches.	0 08	0 10
3 couches.	0 10	0 12
En brun Van-Dyck, en vert, en amarante, à l'huile grasse 1 couche.	0 12	0 15
2 couches.	0 22	0 25
3 couches, *dont une en divers tons.*	0 30	0 33
En vermillon, en bleu de cobalt et en outremer. *Mêmes prix que les barreaux peints de même,* page 42.	» »	» »
NOTA. Nous faisons ici la même observation que pour les barreaux, page 42, pour le nombre de couches à donner.	» »	» »
Glacés de diverses couleurs. *Mêmes prix que les barreaux glacés,* page 42.	» »	» »
Vernis au vernis gras, 1 couche, 0 f. 08 c. *par mètre.*	» »	» »
En bois, en marbre, en bronze et en granit. Vernis au vernis gras sur fond à l'huile. 1 couche.	0 35	0 38
2 couches.	0 40	0 43
3 couches.	0 45	0 48
Faits sur d'anciens fonds (*sans donner de couches*), compris apprêts nécessaires et le vernis.	» »	0 30
NOTA. Les plinthes en marbre sur objets neufs peuvent se faire sur deux couches de fond, à moins qu'elles ne soient en marbre blanc ou en tout autre ton équivalent, car alors il faudrait leur donner trois couches : on reconnaît si la première couche est à l'huile en mouillant et en frottant comme nous l'avons indiqué page 2. Sur objets vieux, une couche suffit presque toujours, à moins que, sur d'anciens tons foncés, on ne fasse des plinthes en marbre blanc, et dans ce cas il faut trois couches.	» »	» »
Lessivés pour conserver, 0 f. 04 c. par mètre.	» »	» »
Lessivés et revernis au vernis gras, 0 f. 12 c. par mètre.	» »	» »
Lessivés, raccordés et revernis, 0 f. 14 c. par mètre.	» »	» »

PLINTHES, BANDEAUX et autres objets analogues, *jusques et compris 15 centimètres de large.*

Suite des OUVRAGES SUR OBJETS EN LINÉAIRE.

Le Mètre linéaire.

MOULURES, LISTELS, BAGUETTES et autres objets analogues, *jusques et compris 15 centimètres de développement.*	En divers tons, tels que gris perle, blanc, amarante, noir et autres analogues.	A l'huile.	1 couche.	0	12
			2 couches.	0	22
		A la colle.	1 couche.	0	10
			2 couches.	0	18

NOTA. Il y a des personnes qui préfèrent les réchampissages faits à une couche à ceux qui sont faits à deux, en raison de la transparence qu'ils laissent, et qui sont d'avis que, pour les moulures en amarante, cette transparence serait plus satisfaisante si on l'obtenait par une couche et un glacis dont les tons seraient en harmonie.. *(Dans ce cas, le prix équivaudrait à celui de deux couches)*. » »

En blanc d'argent à l'huile.	1 couche.	0 15
	2 couches.	0 28
	3 couches.	0 40

NOTA. Il ne sera donné et compté trois couches en blanc d'argent sur les moulures que lorsqu'elles auront été expressément ordonnées. . . . . . . » »

MOULURES DITES SPALTÉES *(en plus-value)* sur les bois de décors.. . . . . . 0 25
(*Voir le mode de métrage à l'article* Moulures spaltées, *page* 15.)

NOTA. Lorsque les moulures sont faites en bois dit spalté *(seraient-elles même dans le ton des autres bois avec lesquels elles se trouvent)*, on devrait toujours donner au moins les dernières couches de fond à ces moulures après l'achèvement des bois sur les tables et les champs; en ayant cette précaution, on couvrirait toute la malpropreté laissée ordinairement sur les bords des moulures par suite de la façon des bois. . . . . » »

CHAMPS, OU ENCADREMENTS et autres compartiments analogues en marbres d'une nature différente des marbres avec lesquels ils se trouvent *(en plus-value)*. 0 25
(*Voir le mode de métrage à l'article* Parties en linéaire parmi les marbres disposés par compartiments, p. 15.)

RÉCHAMPISSAGE de champs, d'encadrements ou de compartiments formant deuxième ton sur des peintures unies ou sur des décors qui seraient comptés d'un seul ton. Pour chaque couche et pour chaque côté de réchampissage, en plus-value.. . . . . . 0 03
(*Voir le mode de métrage à l'article* Peintures de 2 tons, *page* 7, et marbres de plusieurs espèces sur fonds de plusieurs tons, *page* 15.)

OUVRAGES SUR OBJETS A LA PIÈCE.

			La Pièce, compris apprêts ordinaires.
En divers tons, tels que gris, gris perle, blanc mat, lilas, rose, chamois, vert d'eau, bleu pâte et autres tons analogues.	A l'huile.	1 couche ou imprimés.	0 04
		2 couches.	0 06
		3 couches.	0 08
	A la colle.	1 couche.	0 03
		2 couches.	0 05
		3 couches.	0 07
En minium à l'huile.		1 couche.	0 05
		2 couches.	0 08
En brun Van-Dyck, en bleu d'acier, en vert, en jaune, en amarante, à l'huile grasse.		1 couche.	0 06
		2 couches.	0 10
		3 couches.	0 13
En vermillon, en bleu de cobalt, en outremer, *le tiers du prix du mètre linéaire des barreaux peints de même (page 42) jusqu'à 0,03 superficiels. Au-dessus, en surface.*			» »
NOTA. (*Voir l'observation faite aux barreaux, pour le nombre de couches à donner,* page 42.).			» »
Glacés de diverses couleurs, *le tiers du prix des barreaux glacés, page 42.*			» »
Vernis au vernis gras, 1 couche, 0 f. 03 c. par pièce..			» »
En noir au vernis gras, 1 couche.			0 06
NOTA. (*Voir l'observation faite aux barreaux, pour l'inconvénient des vernis à l'esprit-de-vin,* page 42.).			» »
En vert ou en brun Van-Dyck au vernis gras, 1 couche..			0 08
NOTA. (*Voir les observations faites aux barreaux, pour le nombre de couches à donner,* page 43).			» »

PIÈCES DE FERRURE et autres objets analogues (*voir le mode de métrage*), page 10.

Suite des OUVRAGES SUR OBJETS A LA PIÈCE.

	La Pièce, compris apprêts ordinaires.

Suite des PIÈCES DE FERRURE et autres objets analogues (*voir le mode de métrage*), page 16.

Bronzés

Au bronze rouge ou jaune, en poudre.

Sur fond à l'huile (*non verni*)..

1 couche. .	0 10
2 couches. .	0 13
3 couches. .	0 15

Sur fond au vernis gras, 1 couche. . . . . | 0 15

A l'effet.

Sur fond à l'huile (*non verni*)..

1 couche. .	0 12
2 couches .	0 15
3 couches. .	0 18

Sur objets vieux (*sans donner de couches de fond*). | 0 08

NOTA. (*Voir l'observation faite aux barreaux, pour le nombre de couches à donner, p.* 43.)

En bois et en marbre de décors

Vernis au vernis gras sur fond à l'huile. . . . .

1 couche. . .	0 15
2 couches. .	0 18
3 couches. .	0 24

Sur objets vieux (*sans donner de couches de fond*). . | 0 12

Grattés à vif et passés ensuite au papier de verre, 0 f. 15 c. *par pièce*.. | » »

NOTA. (*Même observation que pour le grattage des barreaux, page* 43.)

OUVRAGES DIVERS.

	La Pièce.

Les ouvrages divers de toute espèce dont la nature ne serait pas indiquée ci-après seront mesurés et comptés aux prix du tarif, soit en surface, soit en linéaire, soit à la pièce.

CHAMBRANLE DE CHEMINÉE en marbre naturel.

Lessivé, nettoyé.

Ordinaire (à la capucine).

Sans foyer.	0 25
Avec foyer.	0 30
A consoles unies ou cannelées.	0 40
A colonnes ou sculpté.	0 50

Mis à l'encaustique, à l'essence et frotté (*mêmes prix que les nettoyages ci-dessus*). . . . . | » »

Tablette ou foyer *seulement*. .

Lessivé, nettoyé.	0 10
Mis à l'encaustique, à l'essence et frotté. . . .	0 10

Rétrécissement de cheminée

en faïence, lessivé, nettoyé. . . . . | 0 20

peint en blanc à l'huile pour imiter la faïence.

1 couche, compris apprêts. .		0 75
2 couches,	*id*. . . .	1 25
3 couches,	*id*. . . .	1 50

			La Pièce.	
	Suite des OUVRAGES DIVERS.			
Trappe de cheminée à coulisse dite rideau.. . .	En cuivre, nettoyée au tripoli.		0	30
	En tôle. . . { En noir à la colle.		0	08
	Minée, frottée.		0	15
CONTRE-COEUR de cheminée. .	Ordinaire (*jusqu'à* 2,00 *de surface*). . . . { En noir à la colle. .		0	30
	Miné, frotté. . .		0	60
	De grande dimension à la colle (*jusqu'à* 4,00 *de surface*).. . . .		0	60
PLAQUE et ATRE de cheminée dont le rétrécissement est en faïence. { En noir à la colle.. .			0	15
	Minés, frottés.. . .		0	30
RETOUR DE CHEMINÉE *jusqu'à* 0,35 *de large*.	Rebouché et peint à l'huile.. . . . . { 1 couche. . .		0	25
	2 couches. . .		0	35
	3 couches. . .		0	45
	En marbre, verni au vernis gras, poncé, rebouché, sur fond à l'huile.. . . . . { 1 couche.. . .		1	10
	2 couches. , .		1	25
	3 couches. . .		1	40
	Lessivé avant de repeindre, 0 f. 05 c. à ajouter aux prix ci-dessus. . .		»	»
	Lessivé pour conserver et reverni au vernis gras..		0	20
	Les retours doubles, jusqu'à 75 c. de large, valeur moitié en sus du prix ci-dessus.		»	»
TABLETTE D'APPUI et autres objets détachés analogues.	Jusqu'à 0,30 c. de surface., même prix que les retours ci-dessus. . .		»	»
	De 0,30 à 0,60 de surface, 1/4 en sus du prix des retours id. . . .		»	»
	De 0,60 à 0,75 id. , 1/2 id. id.		»	»
	Au-dessus, en surface.		»	»
	En faïence, lessivé, nettoyé.		0	40
POÊLE (*jusqu'à* 1 m. 50 cent. *de surface*).	En vert uni à la colle. . . . . { 1 couche.		0	75
	2 couches.		1	50
	Bronzé sur fond à la colle, 1 couche.. { Au bronze en poudre. . .		1	75
	A l'effet.		4	00
	Mis à l'encaustique à l'eau et frotté.		0	75
	NOTA. Au-dessus de 1 m,50 de surface, il sera compté proportionnellement. .		»	»
COLONNE de poêle (*jusqu'à* 1 m,00 *de surface*), 2/3 du prix des poêles.			»	»
	NOTA. Les poêles ni leurs colonnes ne doivent jamais être peints à l'huile; autrement, on serait incommodé par l'odeur qui s'exhale lorsqu'on les chauffe. Pour les peindre à la colle, une couche pourrait suffire, même sur ceux qui sont neufs; car, moins il y a épais de couleur dessus, et moins la chaleur la fait écailler. Deux couches très-légères (en donnant la seconde avant que la première soit sèche) produisent un résultat parfait.		»	»
PORTE DE POÊLE.	En cuivre, nettoyée au tripoli.		0	20
	En tôle. { En noir à la colle.		0	08
	Minée, frottée.		0	15

Suite des OUVRAGES DIVERS.	La Pièce.
PLAQUE DE PROPRETÉ (imitation de) peinte en vert, brun et noir à l'huile ou au vernis. . . . . . . — Ordinaire.	0 12
— Avec abouts cintrés. .	0 25

	La Pièce.
NETTOYAGE DE	

NOTA. Comme le peintre n'est pas seulement chargé de la décoration, mais bien encore de rendre les localités et les objets dans un état parfait de propreté, lorsque les nettoyages indiqués ci-dessous seront faits, ils seront comptés. . . . — » »

Dessusdefourneau (*compté d'après le nombre des réchauds*).

NOTA. Nous trouvons superflu de dire que c'est le nombre des trous de réchauds qui détermine le prix plus ou moins élevé du nettoyage du dessus du fourneau. . . — » »

Quand les réchauds ne sont pas peints. . . . . . . — 0 05

Quand ils sont peints en noir à la colle. . . . . . — 0 10

Quand ils sont minés et frottés. . . . . — 0 15

Pierre d'évier. . — Jusqu'à 1,20 à l'équerre (1). — Nettoyée seulement. . — 0 12

— Passée au grès. . . . — 0 30

— Au-dessus de 1,20 à l'équerre, 2/3 en plus. . . . — » »

	Le Mètre linéaire.

Revêtement en faïence de fourneau, de pierre d'évier, ou de toute autre partie analogue. — Jusqu'à 0,33 de haut. . . . . . — 0 10

	Le Mètre superfic.

— Au-dessus de 0,33 de haut. . . — 0 30

Vitres (*voir la Vitrerie*, page 94). . . . . — » »

	La Pièce.

Glace. . . . . — Au-dessous de 2m,00 à l'équerre (1). . . . . . . — 0 15

— De 2m à 4m,00 à l'équerre. . . . . — 0 30

— Au-dessus de 4m à l'équerre. . . . . — 0 50

Cuvette de siége d'aisance (*à l'eau seconde*). . . . . — 0 10

Pièces de cuivre, telles que boutons (*dégoupillés et remis en place*), plaques de propreté (en glace ou en cuivre), bouche de chaleur jusqu'à 0,10 de diamètre, croissants et autres objets analogues. . — 0 08

NOTA. Les boutons doivent toujours être dégoupillés, afin que l'embase qui touche à la peinture soit aussi propre que l'olive. . . . . . . — » »

Pênes (*grattés de peinture et huilés*). — de serrures ou becs-de-canne. . . . . . . — 0 03

— de verrous ou targettes. . . . . — 0 10

NOTA. Le nettoyage des pênes de serrures ou de verrous devrait toujours être fait par les peintres, en raison des soins qu'il faut prendre pour ne pas tacher les peintures. . . — » »

	Le Mètre linéaire.

Cercles, petits bois et tringles en cuivre. . . . . — 0 15

(1) On entend par *mesure à l'équerre* la réunion des deux dimensions (*longueur et largeur*) des objets.

	La Pièce.
Suite des OUVRAGES DIVERS.	

		La Pièce.	

SIÉGE D'AISANCE.

Passé au papier de verre, mis à l'encaustique, à l'essence et frotté.

Jusqu'à 1^m,50 à l'équerre (*mesuré sur le dessus*).
- Le dessus seulement (*compris l'abattant*) **0 40**
- Le dessus et le soubassement . . **1 00**

Au-dessus de 1^m, 50 à l'équerre (*mesuré sur le dessus*).
- Le dessus seulement (*compris l'abattant*) **0 60**
- Le dessus et le soubassement . . **1 50**

Gratté à vif (*re-plani*), mis à l'encaustique, à l'essence et frotté.
- Sur bois nu, 2 *fois*. . . . }
- Sur anciennes huiles, 3 *fois*. } le prix ci-dessus.. . » »

NOTA. Les siéges d'aisance peints à l'huile ou en décors seront métrés en surface. . . . . » »

	Le Mètre linéaire.

TUYAUX DE DESCENTE.

Jusqu'à 0,08 de diamètre. .
- En minium.
  - 1 couche. **0 30**
  - 2 couches. **0 55**
- A l'huile. .
  - 1 couche. **0 28**
  - 2 couches. **0 50**
  - 3 couches, *dont une de minium.* **0 80**

De 0,08 à 0,11 de diamètre, 1/4 *en sus de ceux de 0,08 cent.* . . . » »

De 0,11 à 0,13 de diamètre, 1/3 *en sus de ceux de 0,08 cent.* . . . » »

De 0,13 à 0,16 de diamètre, 1/2 *en sus de ceux de 0,08 cent.* . . . » »

Au-dessus de 0,16 de diamètre, ils seront métrés en surface. . . . » »

Quand les tuyaux sont peints comme les façades, ils se comptent en surface. . . . . » »

CUVETTES. Elles seront comptées pour 1^m,50 linéaires des tuyaux avec lesquels elles se trouveront. . . . . » »

GOUTTIÈRES (*de 25 cent. de pourtour*), mêmes prix que les tuyaux de 16 c. de diamètre. » »

CALFEUTRAGE de collets de marches, de dormants extérieurs de croisées, de carreaux de vitres et autres objets analogues.
- En mastic à la colle **0 05**
- En mastic à l'huile.
  - Ordinaire. **0 10**
  - A la céruse teintée. . . **0 15**

CREVASSES sur ravalements, hachées et bouchées en plâtre. **0 40**

BANDES (*jusqu'à 0,10 cent. de large*)

De papier blanc, fournies et collées après le rebouchage ordinaire à la colle. **0 08**

De mousseline, fournies et collées sur une couche d'encollage, poncées, adoucies sur les bords par un enduit en mastic. **0 25**

NOTA. Les bandes de papier et de mousseline ne peuvent, dans aucun cas, remplacer le rebouchage à la colle, qui doit toujours être fait partout. Elles ont la propriété d'empêcher la dégradation du mastic, qui tombe lorsque les fentes rebouchées sont trop grandes. Quand elles sont collées sans mastic dessous, elles se déchirent très-promptement. . . . » »

Il ne sera collé et compté de bandes que lorsqu'elles auront été expressément ordonnées. . . . . » »

		Le Mètre superficiel.	
	Suite des **OUVRAGES DIVERS.**		
NOEUDS DE SAPIN	Nous n'entrerons dans aucun détail sur le grand nombre d'essais que nous avons faits pour éviter les taches produites sur les peintures par les nœuds de sapin résineux. Le moyen qui nous a le mieux réussi est un morceau de feuille d'étain collé à la colle forte sur les nœuds avant de donner la première couche au bois. Ce travail ne se fait que lorsqu'il est expressément ordonné.	»	»
MINIUM A L'HUILE (compris égrenage ou époussetage).	NOTA. Nous n'accordons pas au *minium* (*du moins pour la peinture*) toute la propriété qu'on lui attribue généralement, nous avons cru remarquer que les ocres n'avaient pas moins de solidité. Comme cette question n'est pas sans importance, nous laissons à la science le soin de l'éclaircir.		
	1 couche.	0	40
	2 couches.	0	70
	NOTA. Les couches de minium se comptent à part, en sus des couches de peinture.	»	»
HUILE (DE LIN) BOUILLANTE.	1 couche.	0	30
	2 couches.	0	55
FEUILLES MÉTALLIQUES HYDROFUGES, fournies et collées au blanc de céruse à l'huile sur les parties de murs humides ou salpêtrées.		4	50
BITUME.	Compris égrenage ou époussetage. . . . . . { 1 couche. . .	0	45
	{ 2 couches. . .	0	80
	NOTA. Nous approuverons toujours les bitumes ou toute autre matière quelconque employée contre l'humidité, lorsqu'on les appliquera sur des objets exposés à l'air, dans la terre ou dans l'eau , car, dans ce cas, on garantit ces objets de l'humidité; mais, lorsqu'on les applique sur des enduits en plâtre, on oublie que le principe destructeur est dans l'intérieur des murs, et que le remède n'est pas appliqué sur le mal. Nous estimons que deux couches d'huile bouillante et trois couches de peinture bien nourries d'huile durent aussi longtemps sur des enduits (*qui se détachent des murs*) que tous les hydrofuges possibles.	»	»
GOUDRON (compris égrenage ou époussetage). . . . . { 1 couche. . .		0	50
{ 2 couches. . .		0	90
PEINTURE GALVANIQUE.	(*Compris égrenage ou époussetage*). . . . . { 1 couche. . .	0	45
	{ 2 couches. . .	0	80
	NOTA. Les expériences que nous avons faites sur la peinture galvanique ne remontent pas à une date assez éloignée pour que nous puissions émettre notre opinion sur ses propriétés.	»	»

	Le Mètre superficiel.
Suite des OUVRAGES DIVERS.	

PEINTURE sur CIMENT ROMAIN. { Pour peindre sur les enduits en ciment romain, nous indiquons le moyen qui nous a le mieux réussi lorsque ces enduits étaient bien secs. Il suffit de délayer de la chaux en poudre avec du lait frais, et d'en donner deux ou trois couches avant d'appliquer la peinture à l'huile. . . . .   » »

TOLE minée, frottée, pour tuyaux et autres objets analogues. 0 50

GRATTAGE A VIF sur murs où sur boiseries unis *(pour coller du papier de tenture).*

De peinture à la colle. 0 13

De vieux papiers. . . . { Ordinaires. . . . .   0 20 / Veloutés. 0 40

NOTA. Le papier velouté ne peut s'enlever facilement qu'après avoir été imbibé d'eau seconde pour détruire le mordant du velouté. . . . .   » »

Encollage, pour recevoir le papier de tenture. 0 10

Encollage et rebouchage, idem. 0 15

PAPIER DE TENTURE VERNI.

Papier encollé à la colle de parchemin, 2 couches et verni. . . . . { à 1 couche. . .   0 55 / à 2 couches . .   0 85

NOTA. Avant de vernir le papier, on doit toujours donner deux couches d'encollage à la colle de parchemin : on en vernit quelquefois sur une seule couche ; mais il en résulte souvent de nombreuses petites taches plus foncées que le ton du papier. . . . .   » »

Papier verni, lessivé, pour être conservé. 0 10

Papier verni, lessivé *idem*, encollé ensuite à la colle de parchemin à une couche, et reverni à une couche. 0 55

NOTA. Quand on revernit des papiers lessivés, on doit toujours donner, avant la couche de vernis, une couche d'encollage à la colle de parchemin : on en revernit quelquefois sans les encoller ; mais il en résulte souvent, comme dans le cas prévu plus haut, de nombreuses petites taches plus foncées que le ton du papier. . . .   » »

ENCAUSTIQUE à l'essence.

A la cire jaune, frottée sur les bois naturels. . . . . { Sur parties unies. . . . . . .   0 40 / Sur parties ornées de moulures.   0 55

A la cire blanche, frottée à la flanelle sur les peintures en marbre, pour leur donner le poli du marbre naturel, *dit poli de marbre*. . . . . { Sur parties unies. . . . .   0 45 / Sur parties ornées de moulures.   0 60

NOTA. Ce travail se fait aussi bien sur les peintures unies que sur celles en décors. . . . .   » »

Suite des OUVRAGES DIVERS.

		La Pièce.	

PEINTURES A LA CIRE.

NOTA. Nous espérons avant peu indiquer le moyen de faire des peintures à la cire qui auront l'avantage de ne pas se ramollir par les grandes chaleurs, sur lesquelles, par conséquent, la poussière ne s'attachera pas, et avec lesquelles on pourra peindre toute espèce de sculptures, même les plus refouillées, sans le secours des réchauds, dont la chaleur ne peut jamais atteindre parfaitement les fonds de sculpture sans en altérer considérablement les saillies.   » »

CARREAUX DE BOIS figurés en noir *pour plus-value de réchampissage seulement, le fond étant compté avec les peintures.*

Jusqu'à 0^m,75 à l'équerre (1). 0 20

De 0,75 à 1,20 à l'équerre. 0 30

De 1,20 à 2,00 à l'équerre. 0 40

Le frottis à l'effet sur les faux carreaux vaut 2 fois le prix du réchampissage ci-dessus. . . . .   » »

Au-dessus de 2,00 à l'équerre, ils seront métrés sans plus-value de réchampissage. . . . .   » »

		L'une.	

JOURNÉES de 10 h. de travail *employées à des ouvrages non métrés (compris frais d'outils).*

NOTA. Il ne sera fait et compté de journées, pour quelque travail que ce soit, que lorsqu'elles auront été expressément ordonnées. . . . .   » »

De compagnon peintre. 4 75

De maître compagnon. 5 75

NUITS de 8 h. de travail.

Employées à des ouvrages non métrés (*compris frais d'outils*). . . . .

De compagnon. . .   7 15

De maître compagnon.   8 65

NOTA. Les travaux exécutés la nuit seront comptés de même que s'ils étaient faits de jour; mais les nuits d'ouvriers employées aux ouvrages métrés seront comptées *en plus-value*, ainsi qu'il suit :

Employées à des ouvrages métrés.

Celles de compagnon. 4 75

Celles de maître compagnon. 5 75

NOTA. Les déplacements considérables des équipages et du matériel nécessaire pour les ouvrages de nuit, joints au peu de travail que l'on fait à la chandelle, motivent le prix de cette *plus-value*. . . . .   » »

ÉCHAFAUDS.

Les échafauds n'étant nécessaires que très-rarement et dans les localités dont l'accès des travaux qu'on y fait est très-difficile, ils seront comptés en plus-value lorsque le cas se présentera d'en faire. . . .   » »

(1) Ou entend par *mesure à l'équerre* la réunion des deux dimensions (*longueur et largeur*) des objets.

MISE EN COULEUR.

La mise en couleur n'a de solidité et n'est belle que lorsqu'elle est bien entretenue ; on se plaint quelque-fois du frotteur qui a été chargé de la faire, cependant ce dernier ne mérite pas toujours les reproches qui lui sont adressés, en raison de ce que souvent on n'apporte pas tout le soin qu'exige la conservation de son travail.

La mise en couleur la plus mal faite, même celle à la colle, lorsqu'elle est bien entretenue, peut rester belle et durer très-longtemps. Son entretien consiste principalement dans la manière d'employer la cire, qui a, entre autres propriétés, celle de résister à l'eau : on doit donc en passer sur la mise en couleur en quantité suffisante pour qu'elle en soit toujours bien nourrie. On pourrait faire excès cependant, et une trop grande quantité aurait l'inconvénient de former crasse en retenant la poussière qui s'y attacherait. Cet inconvénient serait le même que celui que produit à la longue le passage d'un linge huilé sur la mise en couleur.

		Le Mètre superficiel.
Léger grattage et lavage (*faits sans autre travail*) { Sur carreaux vieux et parquets.		0 08
Sur carreaux neufs.		0 10
Parquets et carreaux cirés, frottés (*seulement*).		0 05
A l'encaustique à l'eau. . . { Sans lavage.		0 18
Avec léger grattage et lavage.		0 26
PARQUETS ET CARREAUX mis à l'encaustique et frottés. { NOTA. On empêche souvent de teinter l'encaustique sur les parquets neufs, mais on n'a raison que jusqu'à un certain point ; car la légère teinte qu'on y met ne peut que leur donner un ton très-agréable, surtout au bout d'une quinzaine de jours d'habitation et d'entretien. Les parquets vieux, notamment ceux qui ne sont pas replanis, ont besoin d'être plus teintés que les neufs.		» »
A l'encaustique à l'essence. { Sans lavage.		0 48
Avec léger grattage et lavage.		0 56
NOTA. Pour les parquets teintés à l'ocre de Rue ou à la graine d'Avignon à la colle, une couche ; il sera ajouté 0 f. 15 c. par mètre.		» »

			Le Mètre superficiel.	
	Suite de la MISE EN COULEUR.			

		Le Mètre superficiel
	NOTA. Quand on renouvelle la mise en couleur à l'huile ou à la colle sur les vieux carreaux, on ne doit jamais en changer le ton; autrement, il faut s'attendre qu'à la moindre écorchure l'ancienne couleur reparaîtra, à moins qu'on ne l'ait préalablement enlevée, ce qui serait un travail très-dispendieux.	» »
	A la colle. . . . . . { 1 couche.	0 35
	{ 2 couches.	0 45
	A l'huile. . . . . . . { 1 couche	0 45
MISE EN COULEUR *y compris une couche d'encaustique à l'eau, frottée, lavée et grattée légèrement.*	{ 2 couches.	0 80
	{ 3 couches.	1 00
	A l'huile, 1 couche; à la colle, 1 couche.	0 65
	A l'huile, 1 couche; à la colle, 2 couches.	0 75
	A l'huile, 2 couches; à la colle, 1 couche.	0 85
	NOTA. Pour faire la mise en couleur sur les carreaux neufs, on donne toujours la première couche à la colle : elle ferme mieux les pores de la terre cuite que ne le feraient *trois couches à l'huile*. On donne ensuite la couche à l'huile, puis, sur cette dernière, une couche de colle, sur laquelle on étend l'encaustique pour frotter. Comme on le voit, la couche à l'huile se trouve, entre deux couches à la colle, et, si elle était donnée la dernière, les carreaux seraient bruns au lieu d'être d'un beau rouge (1).	» »
	Quand on renouvelle la mise en couleur sur de vieux carreaux, on doit procéder comme pour les carreaux neufs, excepté que l'on ne donne la première couche de colle que sur les parties du milieu des pièces où la couleur est usée. (*Les extrémités sont toujours assez garnies de couleur et n'ont pas besoin de cette première couche.*).	» »
MISE EN COULEUR au vernis gras avec léger grattage et lavage. . { 1 couche. . .	0 50
	{ 2 couches. . .	0 85
	{ 3 couches. . .	1 20
CARREAUX DE LIAIS.	Passés au grès seulement. . . . . { carreaux neufs. .	0 25
	{ carreaux vieux. .	0 40
	Plus-value des carreaux noirs frottés à l'huile, 0 f. 07 c. par mètre.	» »
CARREAUX de terre cuite passés au grès.	0 45

(1) Il est à regretter que l'inconvénient de l'absorption considérable de l'huile par la terre cuite oblige de donner la première couche à la colle; car, si on pouvait la donner à l'huile, les mises en couleur seraient infiniment plus solides.

	Le Mètre superficiel.
Suite de la MISE EN COULEUR.	

PARQUETS GRATTÉS A VIF *(replanis).*

Sur bois nu. 0 45

Recouverts d'anciennes huiles. 1 50

NOTA. Pour que ce travail soit bon, il faut en premier lieu passer un outil dans tous les joints ouverts, pour remuer la poussière qui y est entassée, et ensuite la faire sortir avec un soufflet, avant d'y passer une couche de colle pure. .   »   »

REBOUCHAGE DES JOINTS DE PARQUETS *(avant le replanissage),* après avoir été dégradés et encollés.

En mastic à la colle. . .
{ Sur parquet en frises. 0 20
{ Sur parquet en feuilles. 0 35

En mastic à la cire. . .
{ Sur parquet en frises. 0 65
{ Sur parquet en feuilles. 1 00

NOTA. Le rebouchage en mastic à la cire est celui qui résiste le mieux à la mobilité dans laquelle les parquets se trouvent par l'effet de la marche continuelle dans les habitations. . . . .   »   »

REBOUCHAGE des joints de grands carreaux (de 0,16°) en mastic à la colle. . . .   0 30

GRATTAGE A VIF de peinture sur carreaux vieux. 1 25

NOTA. Lorsque, par suite de la trop grande quantité de couleur sur les carreaux, elle s'écaille, le grattage à vif en est indispensable; néanmoins, quoiqu'il ait lieu rarement, il ne sera fait et compté que lorsqu'il aura été expressément ordonné. . . . .   »   »

ENLÈVEMENT DES TACHES d'huile et de graisse sur les parquets. Pour enlever les taches d'huile et de graisse sur les parquets, le moyen qui réussit le mieux consiste à faire étendre de la chaux sur les parties tachées. . . . .   »   »

PARQUET DÉGRAISSÉ au grès, frotté à la brosse et à l'eau chaude. 0 12

FILAGE ET ATTRIBUTS.

Nous ne faisons pas de différence du filage fait à l'huile au filage fait à la colle.
Voir, page 16, l'article FILAGE pour la plus-value des filets cintrés.

NOTA. Les prix des filets désignés ci-dessous comprennent tous les tracés sur lesquels ils sont faits.

	Le Mètre linéaire.

					Le Mètre linéaire.
TRACÉS.	Passés à la mine de plomb et sur lesquels il n'a pas été fait de filets. Pour compartiments de bois, de marbre, de bronze, de granit chiqueté ou autres décors et pour peintures de deux tons. (*Voir page 16, art. TRACÉS.*)				0 12
	Pour frises.				0 05
FILETS D'ASSISES sur papier.					0 10
FILETS (compris tracé).	D'assises (1).				0 18
	D'épaisseur, *pour frises.*	Sur peintures unies.			0 15
		Sur décors (*par glacis*).			0 25
	De table saillante ou renfoncée.	Sur peintures unies.	Simple.		0 15
			Relevée d'épaisseur.		0 20
		Sur décors (*par glacis*)	Simple.		0 25
			Relevée d'épaisseur.		0 35
	En diverses couleurs.	1 couche.	Jusqu'à 1 cent. de large.		0 15
			De 1 à 3 cent. (*galon*).		0 20
			De 3 à 10 cent. (*talon*).		0 25
		2 couches, 2/3 *en sus des prix à une couche.*			» »
	Étrusques.	NOTA. Il ne sera donné et compté 2 couches sur les filets (*galons et talons*) que lorsqu'elles auront été expressément ordonnées.			» »
		En vermillon et laque, 1/3	*en sus des prix ci-dessus, soit à une couche, soit à deux.*		» »
		En bleu de cobalt. , 2/3			
		En carmin, une fois.			
MOULURES FIGURÉES.	Chaque filet jusqu'à 20 filets. (*Voir le mode de métrage, page 16.*)				0 07
	NOTA. Les moulures le mieux faites ne sont pas toujours celles dans lesquelles le nombre de filets se compte le plus facilement.				» »

(1) Les filets d'assises exigent quatre opérations (*pointer, tringler, passer à la mine de plomb et filer*), il n'est pas étonnant qu'ils soient d'un prix plus élevé que les filets d'épaisseur *pour frise,* qu'on ne passe jamais à la mine de plomb.

	Le Mètre linéaire.

Suite du FILAGE ET *des* ATTRIBUTS.

NOTA. La disposition des coutils varie, non-seulement d'après les dessins de MM. les architectes, mais aussi d'après les emplacements sur lesquels on les fait : le prix doit donc en être établi en raison du plus ou moins grand nombre de filets qui les composent, et non pas suivant le nom qu'on leur donne. Or, pour compter le travail que l'on y fait réellement, on doit métrer les filets séparément des couches de fond.

Dans les ajustements en pointes, il sera ajouté à la longueur des filets 0ᵐ,40ᶜ pour chaque onglet, en compensation du temps passé à leur ajustement. .

		»	»

COUTILS. Filets de coutil, 1 couche.
- Jusqu'à 0ᵐ,01 de large. . . . . | 0 04
- De 0ᵐ,01 à 0ᵐ,06 de large . . . . . | 0 11

NOTA. Les couches de fond se comptent aux prix des peintures ordinaires rebouchées. . . . . | » »

Filets de coutil à 2 couches, 2/3 *en sus des filets à 1 couche..* . . . | » »

NOTA. Il est rare que deux couches soient demandées sur les filets de coutil ; mais ce travail, lorsqu'il a lieu, ne se fait ordinairement que sur les larges filets. . . . . | » »

CORDES. D'un seul ton, modelées ou étrusques de 2 tons, repiquées. .
- Jusqu'à 0ᵐ,05 de large. . . . | 1 25
- De 0ᵐ,05 à 0ᵐ,10 de large. . . | 2 00

Les cordes faites sur baguettes valent un quart en sus de celles ci-dessus. . . . . | » »

GRECQUES. Étrusques. . Simples. . . .
- Jusqu'à 0ᵐ,10 de large. . . | 3 10
- De 0ᵐ,10 à 0ᵐ,15 de large. . . | 4 40

Doubles, 1/2 *en sus des grecques simples.* . | » »

Repiquées et ombrées, *une fois en sus des grecques étrusques simples ou doubles.* . . . . | » »

POSTES avec culots. Étrusques. . . . .
- Jusqu'à 0ᵐ,10 de large. . . . | 3 75
- De 0ᵐ,10 à 0ᵐ,15 de large. . . | 5 00

Repiquées et ombrées, *une fois en sus des postes étrusques.* . . . . | » »

Suite du FILAGE ET _des_ ATTRIBUTS.	La Pièce.

POINTES DE DIAMANT (_pour plus-value_).

	La Pièce.
Jusqu'à 1^m,00 à l'équerre....	1 00
Au-dessus de 1^m,00 à l'équerre...	1 50

	Le Mètre de hauteur.

CROISÉES ORDINAIRES FIGURÉES (_jusqu'à_ 1,25 _de large_).

A grands carreaux.....	Côté des mastics......	4 40
	Côté des petits bois.....	8 75
Plus-value de frottis sur les grands carreaux, 1 f. 25 c. _en sus par mètre de hauteur_..............		» »
A _petits carreaux_, 1/4 _en sus des croisées à grands carreaux_...		» »

PERSIENNES FIGURÉES (_jusqu'à_ 1,25 _de large_).

Ordinaires........	10 00
Avec moulures sur les lames..	12 50

JALOUSIES FIGURÉES avec rubans, cordes et pavillons (_jusqu'à_ 1,25 _de long_).. — 12 50

	La Pièce.

BARRES D'APPUI ordinaires figurées (_jusqu'à_ 1,25 _de long_)......... 1 25

APPUIS DE CROISÉES ordinaires figurés (_jusqu'à_ 1,25 _de long_)....... 1 25

ATTRIBUTS DIVERS (Étrusques ou en coloris).

Pour objets d'enseignes, plafonds en ciel, draperies simples ou garnies, paysages, décorations de théâtre, armoiries, fleurs, fruits, animaux, figures, etc., etc. ......

Ces travaux d'art, dont les prix varient suivant les artistes qui les exécutent, doivent être traités à l'avance de gré à gré, et sur les dessins qui en auront été donnés. » »

INSCRIPTIONS (LETTRES).

	Prix.

NOTA. Les points, les virgules et les accents font toujours partie du prix des lettres avec lesquelles ils se trouvent. . . . . »　　»

Les lettres majuscules se comptent suivant leur hauteur.

LETTRES

ANGLAISES, ROMAINES, RONDES et GOTHIQUES

Unies à plat en diverses couleurs.

à 1 couche.

- Jusqu'à 0m,10 centimètres de haut (la pièce). . . . . **0　06**
- de 0m,10 à 0m,15 (la pièce). . . . . **0　08**
- au-dessus de 0m,15 de haut, 0 f. 08 c. la pièce, plus 0 f. 01 c. 1/2 par chaque centimètre en sus de 0m,15 cent. . . . . »　　»

à 2 couches (moitié en sus des lettres à 1 couche). . . . . . . »　　»

Ombrées (moitié en sus des lettres unies à plat). . . . . »　　»

Ombrées, repiquées en ton d'or ou de bronze à 2 couches (ou en imitation de creux en pierre).
- Jusqu'à 0m,08 de haut (la pièce). . . . **0　20**
- Au-dessus de 0m,08 (le centimètre). . . **0　025**

Relevées d'épaisseur en ton d'or ou de bronze à 2 couches (ou en imitation de saillie en pierre).
- Jusqu'à 0m,06 de haut (la pièce). . . **0　22**
- Au-dessus de 0m,06 (le centimètre). . **0　035**

Dorées jusqu'à 30 cent. de haut.

Unies à plat.
- Jusqu'à 0m,03 de haut (la pièce). . **0　15**
- Au-dessus de 0m,03 (le cent'). . . **0　05**

Ombrées.
- Jusqu'à 0m,03 de haut (la pièce). . **0　18**
- Au-dessus de 0m,03 (le cent') . . **0　06**

Ombrées, repiquées.
- Jusqu'à 0m,03 de haut (la pièce). . **0　21**
- Au-dessus de 0m,03 (le cent'). . **0　07**

Relevées d'épaisseur.
- Jusqu'à 0m,03 de haut (la pièce). . **0　25**
- Au-dessus de 0m,03 (le cent'). . **0　08**

NOTA. Au-dessus de 0m,30 jusqu'à 0m,50 de haut, les lettres dorées valent 0,02 en plus par centimètre. . . . . . »　　»

Monstres et façon monstre.
- Celles à l'huile, un tiers en sus des lettres anglaises et romaines. . . . . »　　»
- Celles dorées, moitié en sus des lettres anglaises et romaines. . . . . »　　»

De fantaisie, se payent suivant le travail. . . . . »　　»

A rebours, moitié en sus du prix des lettres de toute espèce. . . . . »　　»

Dorées sous verre, se payent suivant le travail. . . . . »　　»

En relief (en bois ou métal), moitié en sus des lettres unies à plat. . . . . »　　»

CHIFFRES, mêmes prix que les lettres. . . . . »　　»

TRAITS ET ORNEMENTS relatifs aux lettres, se payent suivant le travail. . . . . »　　»

NUMÉRO DE VILLE.
- Ordinaire (compris encadrement). . . . . **2　25**
- De fantaisie, se paye suivant le travail. . . . . . »　　»

DORURE.

OBSERVATIONS.

Il y a de l'or de diverses couleurs (1) et de différents prix : ces prix s'élèvent de 60 à 100 fr. les mille feuilles (2) et au-dessus. L'or jaune à 80 fr. les mille feuilles suffit généralement pour la dorure en bâtiment; ce n'est donc qu'à moins de conventions particulières qu'on emploie des qualités supérieures ou inférieures; mais, comme il serait difficile de les reconnaître, on pourra avoir recours aux moyens suivants pour y parvenir.

Au moment de l'exécution des travaux, il sera remis à l'architecte 8 à 10 feuilles de chacune des qualités d'or du prix de 70, 80 et 90 fr. les mille feuilles, afin qu'il puisse les comparer avec celui qui sera sur le coussin des doreurs. (*L'or de 60 fr. est trop inférieur pour que l'on en fasse usage.*) .

Il sera remis, en outre, à l'architecte une moulure tout apprêtée pour recevoir la dorure, soit à l'huile, soit à l'eau, sur laquelle il pourra faire appliquer des feuilles d'or de chacune des trois qualités ci-dessus. Cette moulure pourra être présentée dans divers endroits à côté de la dorure faite, où elle devra subir les mêmes jours et les mêmes reflets, ce qui mettra à portée de juger si l'or est bien celui qui a été adopté pour l'exécution des travaux.

On sait généralement que l'or est inaltérable, et que la dorure, même exposée à l'air, ne reste pas moins de longues années sans s'altérer, bien qu'elle soit faite avec des feuilles de la plus mince épaisseur. Nous osons croire que, lorsque l'altération de la dorure a lieu, cela provient plutôt du peu de soin apporté dans les apprêts que de toute autre cause; aussi sommes-nous d'avis qu'il ne faut faire aucune espèce d'économie dans les couches de teinte dure, notamment sur le fer et la fonte, dont l'oxydation viendrait en aide à l'air pour hâter la détérioration de la dorure.

Si la solidité de la dorure dépend des apprêts, sa beauté n'en dépend pas moins. Le degré de siccité auquel doit être le mordant (*mixtion*), lorsqu'il s'agit d'appliquer l'or, n'est pas non plus sans importance, car c'est de lui que dépend ce beau brillant que doit toujours avoir la dorure à l'huile (3). (*La connaissance de ce degré de siccité du mordant ne peut s'acquérir que par une longue habitude.*)

Le brillant de la dorure à l'huile ou de la dorure à l'eau ne permet pas toujours d'apercevoir tous les petits défauts qui s'y trouvent : ces défauts sont souvent des grains que laisse la

---

(1) On peut varier, pour ainsi dire, les nuances de chaque couleur d'or, comme on le fait pour les couleurs dans la peinture.

(2) La dimension des feuilles doit être de 88 millimètres carrés.

(3) Nous aimons mieux conserver le brillant que doit avoir la dorure à l'huile que d'y passer une couche de colle pour la rendre mate (*la colle sur la dorure à l'huile ayant l'inconvénient de se décomposer et de former crasse, ce qui n'a pas lieu pour la dorure à l'eau*); cependant nous l'admettons sur les dorures mates, parmi lesquelles se trouvent des parties brunies, afin de faire ressortir l'éclat de ces dernières.

mixtion quand elle n'a pas été passée dans un linge assez fin, ou la poussière qui aurait pu s'attacher sur le mordant avant que l'or fût appliqué, ou bien encore les cassures des feuilles en les posant sur le mordant, et tant d'autres petits détails que l'on sera à même de juger, non pas en soufflant sur la dorure, mais en haletant de manière à produire un peu d'humidité pour en ternir le brillant, ce qui permet de voir en quelque sorte, comme avec une loupe, toutes les petites imperfections que nous venons de signaler.

Il est inutile de dire que cette humidité de l'haleine disparaît à l'instant même, et que la dorure n'en souffre nullement.

En employant ce moyen, il ne faut cependant pas oublier que rien n'est parfait, et que l'or, particulièrement, fait paraître les plus petits défauts beaucoup plus grands qu'ils ne le sont réellement.

DORURE MATE A L'HUILE

SUR PARTIES UNIES ET MOULURES.

NOTA. La dorure mate à l'huile se fait toujours en réchampissage des peintures à l'huile, tandis que la peinture à la colle se fait toujours en réchampissage de la dorure, et les apprêts de dorure à l'huile se font toujours avant l'achèvement des peintures.

Pour faire convenablement la dorure à l'huile sur parties unies et sur moulures, les principaux apprêts sont quatre couches de teinte dure (*sur la première couche à l'huile*). Il y a des bois et des plâtres qui sont tellement poreux, que six couches sont nécessaires; mais ce sont des exceptions. Pour reconnaître ces couches, on peut les donner *rouge* et *jaune* alternativement; elles doivent être poncées à l'eau de manière à ne laisser aucune aspérité sous l'or, qui fait ressortir les plus petits défauts; deux couches de vernis-gomme-laque et une couche de mordant (*mixtion*) pour recevoir l'or sont aussi indispensables (1).

Cette dorure est la meilleure que l'on puisse faire à l'huile; mais, comme le prix en est assez élevé, on peut diminuer la dépense en faisant moins d'apprêts sur les parties éloignées de l'œil, telles que les moulures de corniches et autres objets analogues, qui peuvent être dorés sur la peinture, en faisant seulement un léger ponçage, en donnant deux couches de vernis-gomme-laque, et ensuite le mordant.

On fait aussi de la dorure à l'huile à meilleur marché en remplaçant les couches de teinte dure par quatre couches de blanc à la colle, poncées à l'eau, deux couches de vernis-gomme-laque et le mordant; mais cette dorure ne se fait que sur bois, car sur plâtre la moindre humidité l'altère.

DORURE MATE A L'HUILE

SUR PARTIES SCULPTÉES, SUR ORNEMENTS EN CARTON-PIERRE, EN FONTE ET AUTRES.

La dorure mate à l'huile sur ornements sculptés, ou en carton-pierre et en fonte, se fait exactement de la même manière que celle sur parties unies, notamment sur le fer et sur la fonte, où nous le répétons, les couches de teinte dure doivent être données sans économie.

---

(1) Les anciens fonds à l'huile n'ont pas besoin de quatre couches de teinte dure; le plus souvent, deux couches suffisent, et quelquefois même on peut seulement les poncer à l'eau ou à l'essence, ou même à sec, avant d'appliquer le vernis-gomme-laque et le mordant.

Il y a du vernis-gomme-laque rouge ainsi que du blanc.

Nous pensons que l'on reconnaîtra facilement que, si sur les parties unies à l'intérieur, on peut faire de la dorure sans donner de couche de teinte dure, on le peut, à bien plus forte raison, sur les ornements rapprochés ou éloignés de l'œil, sur lesquels les reflets produits par les détails rendent moins sensibles toutes les petites imperfections qui peuvent y exister.

DORURE MATE ET BRUNIE (1) A L'EAU (2)

SUR PARTIES UNIES ET MOULURES.

NOTA. Les peintures à l'huile et les peintures à la colle se font toujours en réchampissage après l'achèvement de la dorure à l'eau.

Pour faire convenablement la dorure mate et brunie à l'eau sur parties unies et sur moulures, les principaux apprêts sont dix couches de blanc à la colle, poncées à l'eau, avec tirage des carrés des moulures, quatre couches de mordant (*assiette*) (3) données sur les parties qui doivent être brunies, et deux couches seulement sur celles qui doivent rester mates pour recevoir l'or.

DORURE MATE ET BRUNIE A L'EAU

SUR PARTIES SCULPTÉES ET ORNEMENTS EN CARTON–PIERRE

(avec réparage des sculptures).

La dorure mate et brunie à l'eau sur les parties sculptées et sur les ornements en carton-pierre (*avec réparage des sculptures*) se fait exactement de la même manière que sur les parties unies, c'est-à-dire sur dix couches de blanc à la colle et autres apprêts nécessaires *avec réparage des sculptures* (4), et quatre couches de mordant (*assiette*) données sur toute la surface pour recevoir l'or.

Par ce moyen, on peut faire dans les ornements autant et d'aussi petites parties brunies qu'on le désire : c'est là ce qui constitue la dorure à l'eau.

Si, dans les ornements, les brunis ne sont pas trop multipliés, on peut ne donner que deux couches d'assiette sur les mats.

NOTA. La dorure mate et brunie à l'eau avec réparage des sculptures se fait très-rarement; on la remplace presque toujours par la dorure DITE A LA GRECQUE, de laquelle il va être parlé ci-après, et dont les prix sont beaucoup moins élevés, ainsi qu'on peut le voir sur notre tarif, page 75.

---

(1) On ne peut obtenir le bruni de la dorure qu'en la faisant à l'eau, car la science est restée impuissante jusqu'ici pour l'obtenir en la faisant à l'huile.

(2) On ne doit entendre, par DORURE A L'ÉAU, que la dorure dans les apprêts et le mordant de laquelle il n'entre aucune espèce de corps gras ; autrement, ce serait de la *dorure à l'huile.*

(3) L'assiette est le mordant pour la dorure à l'eau, comme la mixtion est le mordant pour la dorure à l'huile.

(4) LE RÉPARAGE des sculptures consiste à rendre aux objets les formes qu'ils avaient avant d'avoir été empâtés par les dix couches de blanc à la colle.

Ce travail d'art, se payant fort cher, est une des causes du prix élevé de la dorure à l'eau *avec réparage* sur les ornements sculptés ou en carton-pierre.

DORURE MATE ET BRUNIE A L'EAU (DITE A LA GRECQUE) (1)

SUR PARTIES SCULPTÉES ET SUR ORNEMENTS EN CARTON-PIERRE

(sans réparage des sculptures).

La dorure mate et brunie à l'eau (*dite à la grecque*) sur parties sculptées et sur ornements en carton-pierre est celle qui, de nos jours, se fait le plus communément pour remplacer sur les ornements la dorure à l'eau *avec réparage*. La modicité de son prix résulte de l'économie qu'elle offre en évitant les réparages dispendieux des sculptures ; elle se fait exactement de la même manière que la dorure à l'eau sur ornements, excepté qu'au lieu de réparer les ornements on les ponce seulement à l'eau (2).

DORURE MATE A L'HUILE, MÊLÉE DE DORURE BRUNIE A L'EAU,

SUR PARTIES UNIES.

La dorure mate à l'huile, mêlée de dorure brunie à l'eau, sur parties unies se fait exactement de la même manière que la dorure mate et brunie à l'eau sur parties unies, excepté qu'après le ponçage à l'eau et le tirage des carrés des moulures, au lieu de donner les quatre couches d'assiette sur toute la surface, on le fait seulement sur les parties que l'on indique alors comme devant être brunies, et, quand l'or y est appliqué et qu'il est bruni, les parties mates sont couchées deux fois de vernis-gomme-laque, et ensuite de mixtion à l'huile pour recevoir l'or (3).

DORURE MATE A L'HUILE, MÊLÉE DE DORURE BRUNIE A L'EAU,

SUR PARTIES SCULPTÉES ET SUR ORNEMENTS EN CARTON-PIERRE

(avec réparage des sculptures).

La dorure mate à l'huile, mêlée de dorure brunie à l'eau, sur parties sculptées et sur ornements en carton-pierre se fait exactement de la même manière que la dorure à l'eau sur parties sculptées ou sur ornements en carton-pierre, excepté qu'après le réparage des sculptures, au lieu de donner quatre couches d'assiette sur toute la surface, on le fait seulement sur les parties que l'on indique

---

(1) On ne doit entendre, par DORURE A LA GRECQUE, que la dorure à l'eau sur ornement *sans réparage*. Dans les apprêts et le mordant de cette dorure, il ne doit entrer aucune espèce de corps gras; autrement, ce serait de la *dorure à l'huile sans réparage*. La dorure *à la grecque*, telle que la décrit Vatin, n'est plus en usage.

(2) L'éclat de cette dorure n'est pas moindre que celui de la dorure à l'eau, mais seulement les contours et les arêtes des ornements n'ont pas la même finesse ni la même pureté que celles que l'on obtient par le réparage.

(3) Bien que les apprêts de cette dorure, tant sur les parties unies que sur les sculptures, soient les mêmes que les apprêts de la dorure à l'eau, *avec réparage*, on ne doit pas (*comme on le fait vulgairement*) la confondre avec la dorure à l'eau, puisque les parties mates sont dorées à l'huile.

alors comme devant être brunies ; et, quand l'or y est appliqué et qu'il est bruni, les parties mates sont couchées deux fois de vernis-gomme-laque, et ensuite de mixtion à l'huile pour recevoir l'or (1).

DORURE MATE A L'HUILE, MÊLÉE DE DORURE BRUNIE A L'EAU,

SUR PARTIES SCULPTÉES ET SUR ORNEMENTS EN CARTON-PIERRE

(sans réparage des sculptures).

La dorure mate à l'huile, mêlée de dorure brunie à l'eau, sur parties sculptées et sur ornements en carton-pierre se fait exactement de la même manière que la dorure mate et brunie à l'eau *dite à la grecque*, excepté que, sur les parties qui doivent rester mates, on ne donne que quatre couches *au plus* de blanc à la colle (*poncées également à l'eau*), et deux couches de vernis-gomme-laque, ainsi qu'une couche de mixtion pour les dorer à l'huile.

DORURE A L'EAU SUR ANCIENS APPRÊTS

en grandes parties et en petites parties, en raccord.

On trouve quelquefois, sous d'anciennes dorures à l'eau que l'on veut refaire ou raccorder, des apprêts tellement bien conservés, que, après avoir poncé l'ancien or, une ou deux couches d'assiette suffisent pour recevoir l'or nouveau que l'on veut brunir : dans ce cas, on peut faire des économies en ne dorant pas les parties mates à l'eau (*à moins que les personnes ne l'exigent*); car, après avoir poncé l'ancien or, on peut les dorer à l'huile en donnant une ou deux couches de vernis-gomme-laque et une couche de mixtion. Il faut que les anciens apprêts soient bien mauvais pour que deux couches de blanc à la colle poncées à l'eau et un rebouchage ne suffisent pas, tant avant de coucher d'assiette, pour dorer les parties brunies à l'eau, qu'avant de coucher de vernis-gomme-laque et de mixtion, pour dorer les parties mates à l'huile.

---

(1) Nous faisons ici la même observation qu'au renvoi (3) de la page précédente, pour ne pas confondre cette dorure avec la dorure à l'eau.

MODE

DE MÉTRAGE ET D'ÉVALUATION DE LA DORURE.

En général, on est d'accord à reconnaître l'extrême difficulté du métrage de la dorure sur ornements; et, en effet, comment peut-il en être autrement lorsqu'il s'agit, par exemple, de faire la surface exacte d'une feuille? Dans ce cas comme dans tout autre semblable, il est donc indispensable d'avoir recours à l'évaluation; mais cette ressource, qui souvent est loin de la vérité, nous a toujours laissé dans le plus grand embarras, en cela que, après avoir évalué les choses d'une manière plus ou moins exacte, le résultat en a été de recevoir trop ou trop peu.

Ce système de compensation, appliqué à des choses aussi importantes, nous a déterminé à présenter le mode de métrage qui va suivre, et qui, en se rapprochant de la vérité, permettra d'offrir des prix de dorure en raison des objets sur lesquels elle se fait; car il y a de certains ornements dont le réchampissage, pour les apprêts seulement, coûte souvent à l'entrepreneur plus de 3 fois le prix de l'or qui s'emploie pour les dorer.

MÉTRAGE DES PARTIES UNIES.

Les moulures, les filets à plat et toutes les parties unies analogues seront mesurés suivant la dorure en œuvre et comptés ainsi qu'il suit :

Les parties détachées (1) ou isolées, de forme régulière ou irrégulière, dont les dimensions ne seront pas plus grandes que celles déterminées dans le tableau, page 68, seront considérées comme *petites parties*, et comptées d'après les évaluations en déci-millimètres superficiels indiquées à ce tableau.

---

(1) Les parties dorées de toute espèce sont détachées les unes des autres ou isolées, soit par de la peinture, soit par de l'or mat lorsqu'elles sont brunies, soit par de l'or bruni lorsqu'elles sont mates, soit par des ors de couleurs différentes, ou de quelque manière analogue que ce soit.

. Les parties détachées ou isolées qui seront plus longues que les petites parties désignées dans le tableau suivant, page 68, et qui n'auront pas plus de 0,03 centimètres de largeur ou de profil, seront considérées comme *parties linéaires* et comptées ainsi qu'il suit :

Celles qui auront....	de 0 à 1 centimètre de large	seront comptées	sur 20 millimètres courants	de large.
	de 1 à 2 — —		sur 25 — —	
	de 2 à 3 — —		sur 30 — —	

NOTA. Il ne devra jamais être alloué aucune plus-value pour les apprêts de filets qui seront faits à la règle, à moins qu'ils ne soient cintrés, et, dans ce cas, la plus-value sera comptée comme il est indiqué à l'art. FILAGE, p. 16.

Les parties dont les dimensions seront plus grandes que celles indiquées dans le tableau suivant, page 68, et qui auront aussi plus de 0,03 centimètres de largeur ou de profil, seront considérées comme *grandes parties* et comptées suivant leur surface réelle.

Les grecques, les côtes de cannelures ou canaux, les filets à plat ou en relief, formant compartiments, et autres parties unies analogues, seront toujours considérés comme des parties unies; mais, lorsque les fonds sur lesquels ils se trouveront seront dorés, ils seront considérés comme ornements dorés en plein, mesurés et comptés de même.

Lorsque des parties unies, telles que moulures, filets et autres analogues, seront adhérentes à des moulures sculptées ou à des ornements dorés en plein, sans en être détachées, elles ne seront considérées comme parties unies qu'autant qu'elles auront plus de 0,01 centimètre de largeur ou de profil, et plus de 0,50 centimètres de long sans être interrompues par des ornements; dans ce cas, elles seront comptées avec les parties unies *suivant leur surface réelle*, et, dans le cas contraire, elles seront mesurées et comptées avec les moulures sculptées ou avec les ornements dorés en plein auxquels elles seraient adhérentes.

MÉTRAGE DES ORNEMENTS

SCULPTÉS, EN CARTON-PIERRE, EN FONTE OU AUTRES.

Nous divisons les ornements dorés en deux classes, que nous nommons,

L'une, **ORNEMENTS DORÉS EN PLEIN**,
L'autre, **ORNEMENTS DORÉS A JOUR.**

ORNEMENTS DORÉS EN PLEIN.

Nous entendons, par ornements DORÉS EN PLEIN, les ornements de tout genre dorés entièrement, c'est-à-dire parmi lesquels il ne se trouve aucune partie intérieure (pas même des fonds) qui ne soit dorée.

Les ornements *dorés en plein* seront mesurés suivant les dimensions réduites de leur forme ou suivant leur profil, si ce sont des moulures, sans développer les refouillements ni les saillies des détails qui les composent, et comptés ainsi qu'il suit :

Les parties sculptées ou d'ornements en carton-pierre, détachées (1) ou isolées, de forme régulière ou irrégulière, dont les dimensions réduites ne seront pas plus grandes que celles indiquées dans le tableau suivant, seront considérées comme *petites parties* et comptées d'après les évaluations en déci-millimètres superficiels indiquées à ce tableau.

TABLEAU DES ÉVALUATIONS DES PETITES PARTIES

(*en déci-millimètres superficiels*).

centi-mètr.	1c	2c	3c	4c	5c	6c	7c	8c	9c	10c	11c	12c	13c	14c	15c	16c	17c	18c
1c	15	17	19	21	23	24	25	26	27	28	29	30	31	32	33	34	35	36
2c		19	21	23	25	27	28	29	30	31	32	33	34	35				
3c			23	25	27	29	30	32	33	34	35	36						
4c				27	29	31	33	35	36									
5c					31	33	35											
6c						36												

OBSERVATION.

Les petites parties rondes ou ovales seront comptées aux mêmes évaluations que les petites parties carrées ou rectangulaires dans les dimensions desquelles elles pourront être inscrites.

NOTA. Les petites parties ne doivent être considérées et comptées comme parties sculptées que lorsqu'elles présentent des saillies et des refouillements. Il est bien entendu que, lorsqu'elles sont entièrement unies, bien qu'elles soient des ornements, elles ne doivent être considérées et comptées que comme parties unies, ainsi qu'il est indiqué au métrage des parties unies, pages 66 et 67.

Les parties détachées ou isolées qui seront plus longues que les petites parties désignées dans le tableau ci-dessus, et qui n'auront pas plus de 0,03 centimètres de largeur ou de profil, seront considérées comme *parties linéaires*, et comptées ainsi qu'il suit :

Celles qui auront. . . . { de 0 à 1 centimètre de large { seront comptées { sur 20 millimètres courants } de large.
{ de 1 à 2 — — { sur 25 — — }
{ de 2 à 3 — — { sur 30 — — }

NOTA. Lorsque les moulures ornées de feuilles, les rais de cœur, les perles, les perles et pirouettes, les oves et autres parties analogues, seront dorés entièrement et réchampis seulement suivant les sinuosités des deux rives, ils seront toujours considérés comme ornements dorés en plein.

Les parties dont les dimensions seront plus grandes que celles indiquées dans le tableau ci-dessus, et qui auront aussi plus de 0,03 centimètres de largeur ou de profil, seront considérées comme *grandes parties*, et comptées suivant la surface obtenue par les dimensions réduites de leur forme.

Les ornements dorés en plein dont la majeure partie des détails présenterait des saillies et des refouillements de plus de 15 millimètres seront comptés 1/4 en sus des ornements dorés en plein et portés aux mêmes prix.

Lorsque, parmi les ornements dorés en plein, il se trouvera des parties unies non détachées qui auront plus de 0,06 centimètres carrés ou de diamètre, elles en seront déduites suivant leur surface plane, et comptées ensuite d'après leur surface réelle aux 2/3 seulement des ornements dorés en plein ; mais, dans le cas où l'irrégularité de leur forme ne permettrait pas de les mesurer avec exactitude, elles ne seront déduites que suivant la surface des carrés, des parallélogrammes ou des cercles qui pourront y être inscrits, et comptées, d'après cette surface, aux 2/3 seulement des ornements dorés en plein.

---

(1) Voir l'observation faite au renvoi (1) de la page 66 pour les parties détachées ou isolées.

ORNEMENTS DORÉS A JOUR.

Nous entendons, par ornements DORÉS A JOUR, les ornements de tout genre dont tous les détails qui les composent sont dorés sur un fond qui ne l'est pas.

Les ornements *dorés à jour* seront mesurés suivant les dimensions réduites de la surface plane (1) que les motifs occupent sur les objets où ils sont placés, ou suivant leur profil si ce sont des moulures, sans ajouter aucune plus-value pour les refouillements ni pour les saillies des détails qui les composent, et comptés ainsi qu'il suit :

Les parties dorées à jour, de forme régulière ou irrégulière, détachées ou isolées (2), dont les dimensions de la surface plane ne seront pas plus grandes que celles indiquées dans le tableau suivant, seront considérées comme *petites parties*, et comptées d'après les évaluations en déci-millimètres superficiels indiquées à ce tableau :

TABLEAU DES ÉVALUATIONS DES PETITES PARTIES
(*en déci-millimètres superficiels*).

centi-mètr.	1c	2c	3c	4c	5c	6c	7c	8c	9c	10c	11c	12c	13c	14c	15c	16c
1c	25	32	38	44	50	56	61	66	71	75	79	83	86	89	92	94
2c		33	40	46	52	58	63	68	73	77	81	85	88	91	94	96
3c			42	48	54	60	65	70	75	79	83	88	91	94		
4c				50	56	62	67	72	77	82	86	90	94	98		
5c					58	64	69	75	80	85	89	93				
6c						66	72	78	83	88	92	96				
7c							74	80	86	91	95					
8c								82	88	94	99					
9c									91	97						
10c										100						

OBSERVATION.

Les petites parties dont la surface plane serait ronde ou ovale seront comptées aux mêmes évaluations que les petites parties carrées ou rectangulaires dans la surface plane desquelles elles pourront être inscrites.

NOTA. Il est inutile de dire que les petites parties ne doivent être considérées et comptées comme ornements dorés à jour que lorsque les détails qui les composent sont réchampis et dorés réellement à jour.

Les branches de feuilles, les brindilles, les postes, les rinceaux, les broderies, les guillochis et tous les ornements analogues détachés ou isolés, dorés à jour, qui seront plus longs que les petites parties désignées dans le tableau ci-dessus, et qui n'auront pas plus de 0,10 centimètres de largeur, seront considérés comme *parties linéaires*, et comptés ainsi qu'il suit :

Les ornements qui auront	de 0 à 2 centimètres de large de 2 à 4 — — de 4 à 6 — — de 6 à 8 — — de 8 à 10 — —	seront comptés	sur 6 centimètres courants sur 7 — — sur 8 — — sur 9 — — sur 10 — —	de large.

(1) Nous déterminons les dimensions de la surface plane des panneaux ou motifs d'ornements dorés à jour, par des lignes droites supposées menées de chaque partie extrême à l'autre du motif, et de manière à l'encadrer. (*Voir la figure ci-après, page 72, où le tracé de cette opération est indiqué.*)

(2) Voir l'observation faite au renvoi (1) de la page 66 pour les parties détachées ou isolées.

Les panneaux ou motifs d'ornements dorés à jour, dont les dimensions seront plus grandes que celles indiquées dans le tableau, page 69, et qui auront aussi plus de 0,10 centimètres de largeur ou de profil, seront comptés suivant la superficie obtenue par les dimensions réduites de leur surface plane.

Lorsque parmi les ornements dorés à jour, ou entre les ornements et les lignes qui déterminent la surface des motifs, il se trouvera des espaces non dorés qui auront plus de 0,06 centimètres carrés ou de diamètre, ils en seront déduits suivant la surface des carrés, des parallélogrammes ou des cercles qui pourront y être inscrits. (*Voir la figure ci-après, page* 72, *où le tracé de cette opération est indiqué.*)

Lorsque, parmi les panneaux ou motifs d'ornements dorés à jour, il se trouvera des parties dorées en plein qui auront plus de 0,10 centimètres carrés ou de diamètre, elles en seront déduites, si toutefois la régularité de leur forme permet de le faire avec exactitude; et dans le cas contraire, comme elles présentent généralement des saillies et des refouillements très-forts et des sinuosités très-multipliées, elles seront comptées avec les ornements à jour, car nous estimons que l'excédant de superficie de leur forme à leur surface plane, la plus-value des refouillements et saillies, et le réchampissage compliqué de leurs contours, élèvent ces ornements aux mêmes prix que les ornements dorés à jour. (*La guirlande et le cartouche placés dans la figure ci-après, page* 72, *donnent l'exemple de ce que nous avançons.*)

Lorsque, parmi les ornements dorés à jour, il se trouvera des parties unies qui auront plus de 0,06 centimètres carrés ou de diamètre, elles en seront déduites, et mesurées ensuite comme il est indiqué à la fin du métrage des *ornements dorés en plein*, page 68, pour être comptées ensuite à demi seulement des ornements dorés à jour.

Lorsque des moulures de cadres, unies ou sculptées, des filets et d'autres parties analogues se réuniront et se confondront avec les ornements des panneaux ou motifs dorés à jour, ils seront considérés comme ornements dorés à jour, mesurés et comptés avec ces derniers, à moins qu'ils n'aient plus de 0,03 centimètres de profil et plus de 30 centimètres de long sans être interrompus par des ornements; car, dans ce cas, ils seront déduits suivant la superficie des vides parmi lesquels ils se trouveront, et comptés ensuite suivant leur surface réelle avec la dorure sur parties unies.

Lorsque, sur des frises, sur des larmiers de corniches, sur des moulures et sur tous autres objets, il se trouvera des rinceaux, des guillochis et d'autres ornements analogues dont les détails seront très-fins et très-multipliés, et qu'il sera demandé que la dorure en soit faite à jour (*ce qui a lieu très-rarement*), ces ornements seront comptés 1/4 en plus des ornements dorés à jour et portés aux mêmes prix.

Les ornements dorés à jour dont la majeure partie des détails présenterait des saillies et des refouillements de plus de 15 millimètres seront comptés 1/6e en plus des ornements dorés à jour et portés aux mêmes prix.

MÉTRAGE DES ORNEMENTS ÉTRUSQUES

(*ornements dorés à plat*).

Les panneaux ou motifs d'ornements étrusques dorés à plat seront mesurés suivant leurs dimensions réduites, et comptés au prix indiqué au tarif, page 74.

NOTA. Nous déterminons les dimensions des ornements étrusques de la même manière que la surface plane des ornements dorés à jour. (*Voir le renvoi* (1) *de la page* 69.)

Lorsque, parmi les ornements étrusques, il se trouvera des parties non dorées qui auront plus de 0,06 centimètres carrés ou de diamètre, elles en seront déduites suivant la surface des carrés, des parallélogrammes ou des cercles qui pourront y être inscrits. (*Voir la figure ci-après, page* 72, *où le tracé de cette opération est indiqué.*)

MÉTRAGE DES BALCONS ET DES PANNEAUX D'ORNEMENTS EN FONTE.

La dorure des balcons et des panneaux d'ornements, soit faite en plein, soit faite à jour, sera mesurée et comptée de la même manière que les ornements sculptés, en carton-pierre, en fonte ou autres, désignés ci-dessus, page 67 et suiv.

NOTA. Lorsque les panneaux en fonte, à jour, les balcons ou autres objets à jour, analogues, seront dorés des deux faces, les parties dorées, quelque petites qu'en soient les dimensions, seront toujours considérées comme ornements dorés en plein, et mesurées de même ; et il ne sera compté de parties dorées à jour que lorsqu'il sera fait de la dorure d'un seul côté (*ce qui équivaut à un réchampissage sur des fonds unis*).

MÉTRAGE DES RACCORDS DE DORURE.

Nous entendons, par raccords de dorure, toute espèce de parties raccordées parmi les anciennes dorures, tant sur les parties unies que sur les parties sculptées, soit mates, soit brunies; mais, lorsqu'il s'agit d'un objet quelconque, uni ou sculpté, produisant environ 0,25 centimètres superficiels de dorure, nous le considérons comme de la dorure neuve, qui sera comptée suivant sa nature et ses apprêts.

NOTA. Les raccords de dorure seront comptés 1/4 de plus que la dorure neuve.

MÉTRAGE DES NETTOYAGES DE DORURES DE TOUTE ESPÈCE.

Le nettoyage de dorure sur parties unies et sur moulures sera métré suivant les dimensions réelles de ces objets, à l'exception des moulures, qui, jusqu'à 5 centimètres de large ou de développement, seront comptées sur 5 centimètres courants.

Le nettoyage de la dorure des ornements sera métré en tout et partout de la même manière que les ornements réchampis en blanc d'argent, soit en plein, soit à jour. (*Voir le mode de métrage des réchampissages d'ornements en blanc d'argent, page* 8 *et suiv.*)

MÉTRAGE DES GRAINS D'ORGE, RAYURES ET AUTRES FONDS D'ORNEMENTS ANALOGUES.

Lorsque sur des fonds d'ornements dorés il aura été fait, par le répareur, des grains d'orge, des rayures et d'autres fonds analogues, ils seront mesurés sans avoir égard aux ornements avec lesquels ils se trouveront; et ensuite, les parties de ces ornements qui auront plus de 0,06 centimètres carrés ou de diamètre seront déduites suivant la surface des carrés, des parallélogrammes ou des cercles qui pourront y être inscrits, et les grains d'orge comptés en sus du réparage au prix indiqué au tarif, page 75.

MÉTRAGE DES GRATTAGES DE DORURE.

Les grattages de dorure seront métrés de la même manière que les grattages de peinture, soit sur moulures et parties analogues, soit sur sculptures. (*Voir le mode de métrage des grattages sur moulures et sur sculptures, page* 12.)

FIGURE INDIQUANT LE TRACÉ DE L'ENCADREMENT DES PANNEAUX D'ORNEMENTS
SCULPTÉS ET CELUI DES PARTIES A EN DÉDUIRE.

TARIF DE LA DORURE.

Lorsqu'il s'agit d'employer la dorure en décoration, la première chose qui frappe l'idée c'est l'énormité de la dépense (*car après tout il s'agit d'or*); aussi tous les efforts tendent-ils à n'en mettre que par petits filets ou par petites parties pour en parsemer les ornements. Nous admettons parfaitement ce principe comme ajustement d'une décoration, mais non comme économie; car on peut dépenser le double en employant moitié moins d'or.

Le désir que nous avons de le démontrer d'une manière palpable nous fait espérer que l'on aura assez d'indulgence pour comprendre notre embarras, et ne pas désapprouver l'exemple suivant que nous présentons :

Supposons que l'on soit chargé de dorer la boîte unie d'une montre de 5 centimètres de diamètre, elle coûtera 0 fr. 10 c. au prix du tarif;

Supposons maintenant que l'on soit aussi chargé de dorer douze petits cercles de quatre millimètres de diamètre à la place des douze chiffres du cadran de cette même montre, ils coûteront 0 fr. 60 c., aussi au prix du tarif.

D'après cet exemple, en agissant par extension pour tous les objets possibles, on aura toujours de très-grandes différences entre la dorure faite par masses et la dorure faite par détails.

TARIF DE LA DORURE.

OBSERVATION.	Le Métre superficiel, sur		
	Parties unies.	Ornements (1) sculptés, en carton-pierre, en fonte ou autres,	
		dorés en plein.	dorés à jour.

Les prix ci-contre et suivants sont établis sur celui de l'or à 80 fr. les mille feuilles. Pour les qualités et les couleurs d'or au-dessus ou au-dessous de 80 fr., voir page 76.

DORURE A L'HUILE,
à l'or, à 80 fr. les mille feuilles, pour fourniture et pose

	Parties unies	dorés en plein	dorés à jour
Seulement (*sans aucun apprêt*) sur ornements étrusques peints à plat (*la façon du dessin par l'artiste étant payée à part*). . .	25 00	» »	» »
Sur une couche de mixtion *seulement*.	32 00	49 00	60 00
Sur deux couches de vernis-gomme-laque et une couche de mixtion (2) avec ponçage préalable au papier de verre après la peinture faite. (*Voir les observations sur cette dorure, page 62.*) .	35 00	52 50	65 00
Chaque couche de vernis-gomme-laque en plus ou en moins. .	1 50	2 30	3 00
SUR APPRÊTS A LA COLLE composés de 4 couches de blanc à la colle poncées à l'eau, de 2 couches de vernis-gomme-laque et d'une couche de mixtion. (*Voir les observations sur cette dorure, page 62.*).	42 00	63 00	78 00
Chaque couche de colle en plus ou en moins.	0 65	1 00	1 25
SUR APPRÊTS A L'HUILE composés de 4 couches de teinte dure poncées à l'eau, de 2 couches de vernis-gomme-laque et d'une couche de mixtion. (*Voir les observations sur cette dorure, p. 62.*)	48 00	72 00	90 00
Chaque couche de teinte dure en plus ou en moins.	1 00	1 50	2 00
SUR ANCIENS FONDS de peintures à l'huile, en faisant seulement un ponçage à l'eau ou à l'essence, avant de refaire les peintures, donnant 2 couches de vernis-gomme-laque et une couche de mixtion. (*Voir les observations sur cette dorure, page 62, note (1).*). .	40 00	60 00	75 00
SUR APPRÊTS DE DORURE A L'EAU composés de 10 couches de blanc à la colle, poncées à l'eau, avec tirage des carrés des moulures, AVEC RÉPARAGE DES SCULPTURES et ornements en carton-pierre, de 2 couches de vernis-gomme laque et d'une couche de mixtion.	50 00	100 00	115 00
DORURE A L'HUILE, MÊLÉE DE PARTIES BRUNIES, voir page 76. . . .	» »	» »	» »

(1) Lorsqu'il s'agit de dorer des sculptures ou des ornements en carton-pierre ou en fonte, il y a des personnes qui, par économie, exigent que les fonds et les parties peu visibles soient dorés à l'or commun, et que les parties saillantes seulement soient dorées à l'or à 80 fr. les mille feuilles; il y en a d'autres qui, dans un but d'économie plus grand encore, font seulement jaunir les fonds et les parties peu visibles, *en donnant une teinte jaune à la mixtion*, et ne font dorer que les parties saillantes. Nous n'avons pas prévu de prix pour ces sortes d'économies ; mais, lorsqu'il en sera fait de ce genre, le prix devra en être traité à l'avance de gré à gré.

(2) La dorure faite sur une ou deux couches de vernis-gomme-laque et une couche de mixtion sur objets neufs, sans donner préalablement de couches d'apprêt ni de peinture, n'a aucune solidité, notamment sur les métaux, et particulièrement sur le fer et la fonte.

Nous avons dit, dans nos observations, que les apprêts font la solidité de la dorure : nous n'émettons pas le doute que ces apprêts ne soient faits convenablement, par exemple, pour toute espèce de dorures exposées à l'air ou sur des inscriptions d'édifices publics et autres; mais nous regrettons que ces dorures, notamment celles des inscriptions, se détériorent si promptement; lorsqu'on voit le mauvais état dans lequel plusieurs se trouvent, on est prêt à se demander s'il est bien vrai que l'or soit inaltérable.

| | Le Mètre superficiel, sur | | |
| | Parties unies. | Ornements sculptés, ou en carton-pierre, | |
		dorés en plein.	dorés à jour.
DORURE A L'EAU (1), à l'or, à 80 fr. les mille feuilles, pour fourniture et pose — **SUR APPRÊTS** composés de 10 couches de blanc à la colle, poncées à l'eau, avec tirage des carrés de moulures, **AVEC RÉPARAGE DES SCULPTURES** et ornements en carton-pierre, de 2 couches d'assiette pour les parties mates et 4 couches pour les parties brunies. — Parties mates.	56 00	144 00	168 00
Parties brunies (2).	62 00	156 00	182 00
Parties mates et brunies confondues.	» »	150 00	175 00
Sur anciens apprêts (3) (avec ponçage de l'ancien or). En donnant seulement 2 couches d'assiette pour les parties mates et 4 couches pour les parties brunies. — Parties mates.	37 00	82 00	96 00
Parties brunies.	43 00	92 00	107 00
Parties mates et brunies confondues.	» »	87 00	102 00
En donnant 2 couches de blanc à la colle, poncées à l'eau seulement et rebouchées, 2 couches d'assiette pour les parties mates et 4 couches pour les parties brunies. — Parties mates.	40 00	87 00	102 00
Parties brunies.	46 00	97 00	113 00
Parties mates et brunies confondues.	» »	92 00	107 00

GRAINS D'ORGE, RAYURES et autres fonds d'ornements analogues en *plus-value* du réparage des sculptures. — Le mètre superficiel. . . . . . . 5 fr. 00
(*Voir le métrage de ce travail, page 71.*)

	Parties unies.	dorés en plein.	dorés à jour.
DORURE A L'EAU DITE A LA GRECQUE sur les mêmes apprêts que la dorure à l'eau désignée ci-dessus, mais en faisant seulement *un ponçage à l'eau* **SANS RÉPARAGE DES SCULPTURES**. (*Voir les observations sur la dorure à la grecque, page 64.*) — Parties mates.	» »	120 00	140 00
Parties brunies.	» »	130 00	152 00
Parties mates et brunies confondues.	» »	125 00	146 00

(1) (*Voir les observations sur la dorure à l'eau, page 63.*)
(2) Il doit toujours être employé la même qualité d'or pour les parties brunies que pour les parties mates.
(3) *Voir les observations sur la dorure à l'eau faite sur d'anciens apprêts, page 65.*

	Le Mètre superficiel.

DORURE A L'HUILE, MÊLÉE DE PARTIES BRUNIES, sur sculptures et sur ornements en carton-pierre.

La dorure à l'huile sur ornements, mêlée de parties brunies, sera mesurée comme les autres dorures et comptée aux prix de la dorure à l'huile sur ornements, toutefois après avoir déduit seulement les parties brunies plus grandes que les dimensions indiquées au tableau de la page 68. . . . .   » »

Les parties brunies seront ensuite comptées ainsi qu'il suit :
Celles qui seront plus grandes que les dimensions indiquées au tableau de la page 68, et qui auront été déduites de la dorure à l'huile, seront comptées moitié en sus de leur surface réelle ou de leur évaluation, et portées aux prix de la dorure brunie. . . . .   » »

Celles qui ne seront pas plus grandes que les dimensions indiquées au tableau de la page 68, et qui n'auront pas été déduites de la dorure à l'huile, seront comptées en plus-value seulement, suivant les évaluations indiquées à ce tableau, et portées aux prix de la dorure brunie.   » »

NOTA. La dorure mate à l'huile, mêlée de parties brunies, présente deux parties distinctes qui ne peuvent être ni métrées ensemble ni comptées au même prix ; car le bruni est nécessairement plus cher que le mat, et s'il en a été ordonné beaucoup, les intérêts du doreur se trouveraient gravement compromis, comme aussi, si les parties brunies étaient ménagées, ce serait le propriétaire qui payerait beaucoup trop cher. . . . .   » »

RACCORDS DE DORURE. (*Voir le métrage des raccords de dorure*, page 71.) . . .   » »

DORURE en RACCORDEMENT.

NOTA. Lorsque l'on fait de la dorure neuve en raccordement, ou des raccords parmi les anciennes dorures, nous pensons que l'on devrait toujours remettre au batteur d'or un morceau de cadre ou d'ornement dorés provenant des objets que l'on veut raccorder, afin qu'il puisse donner à l'or que l'on destine à ce travail la nuance la plus rapprochée possible de cet échantillon. Cette précaution permettrait de mettre en harmonie la dorure neuve avec l'ancienne sans avoir recours aux liquides malpropres que l'on est souvent obligé de passer dessus pour en ternir la fraîcheur. . . . .   » »

Pour la dorure faite avec de l'or teinté exprès comme il est dit ci-dessus, il devra être accordé une plus-value en raison de la plus ou moins grande quantité de travaux exécutés ; mais, dans tous les cas, lorsque la dorure en raccordement s'élèvera à plus de mille francs, il ne devra être accordé aucune plus-value.   » »

OBSERVATION.

Pour toute espèce de dorure faite avec de l'or au-dessus ou au-dessous de 80 fr., voir le tableau ci-contre.

DORURES FAITES avec de l'or de qualités et de couleurs différentes de l'or à 80 fr.

	DIFFÉRENCE PAR MÈTRE, EN PLUS OU EN MOINS, de l'or à 80 fr. pour toute espèce de dorure, SUR		
	PARTIES unies.	ORNEMENTS dorés en plein.	ORNEMENTS dorés à jour.
à l'or — à 90 fr. les mille feuilles valent en plus.	1 75	2 65	2 65
à l'or — à 70 fr. id. valent en moins.	1 75	2 65	2 65
à l'or — vert valent en moins.	2 50	3 75	3 75
à l'or — blanc id.	6 00	9 00	9 00
à l'argent id.	11 00	16 50	16 50
au cuivre (*or d'Allemagne*) valent en moins.	12 50	18 75	18 75

		Le Mètre superficiel, sur		
		Parties unies.	Ornements dorés en plein.	Ornements dorés à jour.
NETTOYAGE DE DORURE à l'huile ou à l'eau, mate ou brunie (*voir le mode de métrage des nettoyages de dorures, page 11*).	À l'eau pure seulement (avant de refaire les peintures). . . .	3 75	6 25	6 25
	À l'eau pure idem, mais, de plus, les parties mates passées à la colle, les fonds au vermeil, et les parties brunies frottées légèrement pour rappeler le brillant de l'or..	5 00	10 00	12 50
	NOTA. S'il est nécessaire de payer les nettoyages de peinture ce qu'ils valent, il l'est bien autrement pour la dorure; car, lorsqu'elle est ancienne et couverte de malpropreté, sa conservation dépend en quelque sorte du doreur, qui ne saurait jamais y apporter trop de soin, en raison de la facilité avec laquelle les dorures s'altèrent : en effet, si l'on réfléchit à la faible épaisseur d'or qui recouvre les objets, on doit être constamment sur ses gardes pour ne pas l'enlever. MM. les architectes sentent tellement l'importance et la difficulté de ce travail, que leur surveillance est des plus active quand on l'exécute.	» »	» »	» »
VERNIS A OR.	1 couche.	1 90	3 20	4 40
	2 couches.	3 80	6 40	8 80
	NOTA. L'or étant inaltérable, nous n'approuvons pas plus à l'intérieur qu'à l'extérieur le vernis qu'on applique dessus, si ce n'est dans les localités où il est nécessaire de laver très-souvent les dorures, et où l'on ne tient pas à ce que l'or conserve son éclat naturel : aussi est-ce toujours avec regret que nous le voyons vernir. . . . . Quelle que soit la qualité des vernis, leur décomposition est aussi prompte sur la dorure que sur la peinture.	» »	» ».	» »

			Le Mètre superf.
GRATTAGE D'ANCIENNES DORURES.	Sur apprêts à la colle..	Parties unies et moulures. . .	4 00
		Parties sculptées.	10 00
	Sur apprêts de teinte dure à l'huile.	Parties unies et moulures. . .	5 00
		Parties sculptées.	16 00

			L'une.
JOURNÉES de 9 heures de travail employées à des ouvrages non métrés (*compris frais d'outils*).	De doreur..		6 00
	De répareur.		10 00
	NOTA. Il ne sera fait et compté de journées, pour quelque travail que ce soit, que lorsqu'elles auront été expressément ordonnées.		» »

			L'une.
NUITS de 8 heures de travail.	Employées à des ouvrages non métrés (*compris frais d'outils*).	De doreur.	12 00
		De répareur.	20 00
	Employées à des ouvrages métrés.	NOTA. Les travaux exécutés la nuit seront comptés de même que s'ils étaient faits de jour; mais les nuits employées aux ouvrages métrés seront comptées en *plus-value* ainsi qu'il suit :	
		Celles de doreur..	6 00
		Celles de répareur.	10 00

TENTURE.

OBSERVATIONS.

Nous croyons utile d'entrer dans quelques détails sur la filière par laquelle passe le papier peint avant d'être livré aux consommateurs.

La fabrication et la vente du papier peint ont beaucoup d'analogie avec celles des étoffes : de même que dans cette dernière industrie, très-peu de fabricants livrent directement leurs produits aux consommateurs, mais bien aux marchands détaillants qui ont un magasin (boutique), ou aux entrepreneurs de peinture; le plus souvent, ces derniers les prennent chez les marchands détaillants, avec lesquels ils s'arrangent pour que le propriétaire paye le moins cher possible.

La décoration en papier peint a fait beaucoup de progrès; mais elle en fera encore, car, généralement, on ne s'occupe pas assez d'harmoniser les tons des papiers avec ceux des peintures et des ameublements; les ajustements ne sont pas toujours faits en raison des emplacements ni suivant la destination des localités; or, chacun sait que les choses ne s'embellissent pas en raison de la dépense que l'on y fait, mais seulement en raison du goût qu'on y apporte.

Si la décoration est appelée à faire de nouveaux progrès, le mode de vente du papier est loin d'être arrivé au point où il devrait être, car il n'est pas d'industrie où il serait plus facile que dans celle-là de vendre à prix fixe (1). On nous a souvent fait observer que la vente du papier peint, au mètre superficiel en place, serait préférable à la vente au rouleau. Nous sommes loin de le contester; nous estimons, au contraire, que les deux tiers de la consommation pourraient se vendre de la sorte, et toutes les bordures, sans exception, au mètre linéaire : ce mode offrirait au propriétaire l'avantage de ne payer que le papier employé, dont la vérification serait toujours facile. Nous dirons, en outre, que tous les collages doivent se faire au mètre superficiel, et les bordures au mètre linéaire, attendu que, dans le cas où il y a perte pour les fausses coupes du papier, elle ne doit pas être augmentée des frais de collage du papier qui n'a pas été employé.

L'entrepreneur est souvent chargé du collage des papiers et des apprêts de toute espèce : cela se conçoit, parce que, les apprêts de papiers se faisant en même temps que les peintures, il est responsable de l'un et de l'autre de ces travaux; tandis que, autrement, l'un peut non-seulement entraver la marche de l'autre, mais il peut arriver aussi que, faute d'ensemble, la bonne exécution des travaux en souffre, et que de grands retards soient apportés dans les choses qui demandent à être faites vite (2).

Généralement, pour apprécier les prix des papiers, on se base sur le nombre des couleurs qui sont imprimées sur leur fond : en agissant ainsi, on est exposé à tomber dans de graves erreurs; car il y a des papiers peints qui, à qualité de papier égale, avec le même nombre de couleurs (mais provenant de fabriques différentes), sont quelquefois de 15 à 20 pour 100 meilleur marché les uns que les autres.

Cette différence résulte non-seulement de la matière que l'on emploie, mais aussi du soin plus ou moins grand que l'on apporte, tant dans l'apprêt des couleurs que dans la fabrication.

---

(1) Si la compagnie française pour la vente à prix fixe du papier peint n'a pas eu, jusqu'ici, tout le succès auquel elle avait lieu de s'attendre, il n'en reste pas moins l'espérance de voir, un peu plus tôt, un peu plus tard, réaliser ce mode en raison des avantages incontestables qu'il présente pour le consommateur.

En vendant à prix fixe, on s'interdit la faculté de diminuer : donc, pour avoir du débit, le marchand se met dans la nécessité de vendre de bonne marchandise, et au meilleur marché possible. -

(2) Les ouvriers colleurs ne travaillent ordinairement qu'aux pièces, aussi bien pour les entrepreneurs de peinture que pour les marchands de papier, et à la satisfaction des uns comme des autres.

MODE

DE MÉTRAGE DE LA TENTURE.

Lorsque la fourniture des papiers se fera au mètre superficiel, elle sera mesurée en œuvre, en ajoutant toutefois 3 *centimètres* pour le recouvrement de chaque bordure.

La fourniture des bordures sera mesurée en œuvre et comptée au mètre linéaire.

Le collage des papiers de toute espèce sera mesuré en œuvre (*en ajoutant toutefois 0,03ᶜ pour le recouvrement de chaque bordure*) et compté au mètre superficiel.

Le collage des bordures sera également mesuré en œuvre et compté au mètre linéaire.

Les papiers pour apprêts (*gris, bulle et blanc*) seront mesurés en œuvre et comptés au mètre superficiel.

Les papiers bleu pâte, collés dans les armoires, seront aussi mesurés en œuvre et comptés au mètre superficiel.

Toutes les autres fournitures et apprêts qui se rattachent à la tenture seront comptés au mètre superficiel ou linéaire, en raison de leur nature.

NOTA. Il est bien entendu qu'aucun égrenage ni *léger* arrachage de papier pour apprêter les murs ne doivent jamais être comptés à part, puisque ces travaux font toujours partie du collage.

TARIF DE LA TENTURE.

———————⋘⋙———————

NOTA. Quand on fournit le papier, on peut en faire le collage à meilleur marché que lorsqu'on ne le fournit pas : pour cela, il suffit de vendre le papier un peu plus cher.

			Le Mètre superficiel.
		Mat à dessins.	0 14
		Fond uni.	0 17
		Satiné.	0 17
		Agate et marbre mats ou satinés par assises. . .	0 17
		Agate et marbre mats ou satinés par assises avec refends.	0 19
		Velouté ou doré.	0 25
	De papier de tenture en carré ou raisin.	NOTA. Le papier velouté devrait toujours être collé avec de la colle faite à la bière, attendu que la colle ordinaire prend mal sur le velouté; mais, comme cette colle augmenterait la dépense, on peut obtenir le même résultat en ayant la précaution d'en mouiller seulement les bords qui doivent être appliqués sur le velouté, et mouiller ensuite le reste du papier avec de la colle ordinaire. Cette opération est comprise dans le prix ci-dessus.	» »
		Sur plafonds, *un cinquième* en sus du prix des collages ci-dessus.	» »
		Dans des montres, casiers et rayons de toute espèce, moitié en sus du prix des collages ci-dessus.	» »
COLLAGE (*seulement*).		NOTA. Le rouleau de papier carré dont la surface est de 3ᵐ,80ᵉ ne couvre généralement que 3ᵐ,60ᵉ superficiels, en raison des pertes plus ou moins grandes et des déchets de fausses coupes.	» »
			Le Mètre linéaire.
	De bordures, crêtes, torsades et filets *jusqu'à* 15ᵉ *de largeur*.	Sur papier mat.	0 03
		Sur papier satiné.	0 04
		Veloutés ou dorés.	0 04
		Découpés. { D'un côté.	0 12
		{ De deux côtés.	0 15
	De filets isolés.		0 09
	De filets coupés dans un rouleau de papier. { Au droit des plafonds ou des cimaises.		0 09
	{ Isolés ou détachés..		0 14
	De filets et torsades non découpés sur baguettes *non fournies*, mais posées et clouées.		0 17
	De motifs d'ornements divers, découpés et posés par ajustement de différents styles sur murs et plafonds *se traitera de gré à gré*.		» »

	Le Mètre superficiel.

PAPIERS POUR APPRÊTS.

Fournis et collés.

NOTA. Les papiers gris, les papiers bleus et autres, soit au rouleau, soit à la main, étant susceptibles de varier de dimensions suivant les fabriques, le seul moyen d'être exact c'est de les compter au mètre superficiel.

	Le Mètre superficiel.
Gris.	0 20
Bulle.	0 24
Bleu.	0 30
Blanc.	0 25

Collés seulement.

Gris et bulle.	0 13
Bleu et blanc.	0. 15

NOTA. Les papiers pour apprêts sur les toiles doivent toujours être collés en feuille et non au rouleau, car ils n'auraient pas de solidité, à moins que ce ne soit pour recouvrir un premier papier qui aurait été collé en feuille; mais sur les murs ils peuvent, sans inconvénient, être collés au rouleau. . . . . » »

TOILE.

NOTA. La toile de deuxième qualité ayant 97 centimètres de large et 57 fils par décimètre carré peut suffire généralement pour tous les travaux; il ne doit être employé et compté de toile de première qualité que lorsqu'il en aura été expressément demandé. . . . . » »

Neuve, pour tenture, fournie, tendue et clouée (1), compris bandes de papier gris de 10 centimètres de. large, fournies et collées sur les marouflages. 0 70

NOTA. Lorsque les toiles se détendent, il faut, avant d'en accuser le colleur, visiter les porte-tapisserie; et, si ces derniers ont été blanchis et cloués solidement, toute la responsabilité doit peser sur lui, à moins que les dégâts ne soient causés par l'humidité, car, dans ce cas, sa responsabilité serait à couvert. On apporte généralement trop d'économie dans la disposition des porte-tapisserie; autant que possible, on doit les mettre non-seulement d'un seul morceau, surtout pour les cadres, mais encore ils doivent toujours être blanchis. . . . . » »

Vieille, de tenture, détendue (*avec arrachage des vieux papiers de dessus*), retendue et reclouée, compris bandes de papier gris, comme ci-dessus. 0 35

NOTA. Lorsqu'il est pris possession d'un atelier, les vieilles toiles doivent être enlevées et remises en lieu sûr ou au propriétaire, pour être réemployées dans les pièces de peu d'importance, à moins qu'elles ne soient encore assez bonnes pour être réemployées dans les pièces principales. . . . . » »

De Bretagne serrée (*de 425 fils par décimètre carré*) fournie et clouée pour peindre dessus sans papier. 2 80

(1) Si la galvanisation possède les propriétés qu'on lui attribue, en clouant les toiles avec des clous galvanisés on n'aura plus à craindre les nombreuses petites taches que fait la rouille produite par les têtes de clous qui retiennent les toiles sous les papiers de tenture.

					Le Mètre superficiel.

					Le Mètre superficiel.
CALICOT *de 350 fils par décimètre carré.* — Neuf pour tenture, fourni et cloué, compris bandes de papier gris de 10 centim. de large, fournies et collées sur le marouflage. . . .	0 90
Neuf, fourni, cloué et marouflé en plein à la colle de pâte.	1 00
Vieux, détendu, retendu et recloué, compris bandes de papier gris. .	0 40
MAROUFLAGE EN PLEIN (*seulement*) de toile et de calicot neufs ou vieux. . . .	0 20

	Le Mètre linéaire.
BANDES de zinc et de fer-blanc (*pour couvre-joint*), compris deux bandes en papier gris, l'une à l'eau sur la bande, pour en adoucir l'épaisseur, l'autre plus large, collée sur bordage. — Fournies et clouées. — En zinc.	0 45
En fer-blanc ou en tôle galvanisée.	0 55
Posées et clouées seulement.	0 22
Déposées, redressées et reclouées.	0 34
BANDES DE CALICOT de 10 centimètres de large, fournies et collées sur charnières. .	0 20
BANDES (*dites à l'eau*) en papier gris de 13 centim. de large, fournies, posées et recouvertes d'une autre bande de 21° de large, fournie et collée; *les deux ensemble*. . .	0 15

NOTA. Les bandes à l'eau sont nécessaires sur les poteaux d'huisseries et entretoises, non-seulement pour éviter que le papier de tenture se déchire sur le joint entre le plâtre et le bois, mais encore afin que le bois, notamment le chêne, ne tache pas les papiers de tenture. . . . . »   »

ENDUIT en mastic à la colle, pour affleurer les épaisseurs du bord des toiles, des bandes de zinc et des bandes de fer-blanc.	0 10

NOTA. Ces enduits ne se font que dans les travaux de premier ordre et lorsqu'ils sont expressément ordonnés. . . . . »   »

BAGUETTES, pour pose. . . . — En bois peint ou naturel.	0 14
Dorées.	0 20

	La Pièce.
CLOUS DORÉS, pour pose.	0 03
PATÈRES DORÉES, pour pose.	0 08

	Le Mètre linéaire.
PONÇAGE et arrachage d'anciennes bordures veloutées.	0 05
POINTES EN COUTIL (*plus-value des onglets seulement*).	0 20

			La Pièce.
DEVANT DE **CHEMINÉE.**	Tendu en toile. . .	Fournie et clouée.	0 75
		Clouée seulement.	0 35
	Recouvert en papier gris fourni et collé.		0 35
	Collage de sujet. . . .	Sans bordure.	0 70
		Avec bordure et plinthe.	1 10
	Encollé 2 fois et verni.		0 75
JOURNÉE de colleur ; **NUIT** de colleur.	Même prix et même observation que pour celles des peintres, page 53.		» »

VITRERIE.

OBSERVATIONS.

Les prix et le mode de métrage de la vitrerie sont établis d'après ceux que les verreries de BAGNEAUX, de PRÉMONTRÉ et de CHOISY-LE-ROI ont adoptés de concert, par suite de l'introduction du système décimal.

Les verreries fabriquent, pour le commerce, des verres de dimensions invariables, ayant toutes environ la même surface ($0^m,38^c$ superficiels) et que l'on désigne par 5 et 6 mesures, dont les dénominations suivent :

69 c. sur 54 c. — 75 c. sur 51 c. — 81 c. sur 48 c.
84 c. sur 45 c. — 90 c. sur 42 c. — et 96 c. sur 39 c.

La fabrication de ces 6 mesures de feuilles, dites verre à couper (*et sur lesquelles a lieu la concurrence*), a été combinée d'après les ouvertures ordinaires des carreaux de croisée. Ces mesures sont les seules que l'on puisse vendre au mètre superficiel.

Tous les verres dont les dimensions excèdent les 6 mesures ci-dessus (sur lesquelles n'a pas lieu la concurrence, en raison non-seulement de ce qu'un très-petit nombre de verreries en fabriquent, mais encore de ce que la fabrication en est plus difficile que celle des 6 mesures) ne peuvent se vendre qu'à la pièce et non au mètre superficiel, *à moins d'avoir autant de prix de mètre superficiel qu'il y a de mesures différentes dans la fabrication.*

Il y a des verreries (*et le nombre en est très-minime*) qui ne fabriquent que du verre blanc (1), *verre en table ou verre dit de Bohême* (2); il y en a d'autres qui fabriquent du verre blanc et du verre demi-blanc (3) ; il y en a d'autres enfin (*et c'est le plus grand nombre*) qui ne fabriquent que du verre demi-blanc (*dit verre ordinaire*), ainsi nommé à cause d'une légère teinte verte qu'il donne aux objets.

Tout le verre blanc à vitre, simple ou double, d'une verrerie est fabriqué avec la même matière; aussi est-il de la même blancheur : ce n'est qu'en raison du plus ou moins de défauts qui s'y rencontrent qu'on en détermine le choix, et que le prix en est plus ou moins élevé. Il en est de même pour le verre demi-blanc.

Les verreries livrent leurs produits au commerce de la manière suivante : celles qui fabriquent du verre blanc le classent par 3 choix, le 1er, le 2e et le 3e; celles qui fabriquent du verre blanc et du verre demi-blanc les classent de même l'un et l'autre, mais elles vendent le 1er et le 2e choix du verre demi-blanc confondus ensemble, peut-être parce que le 1er choix n'y entre que pour une très-faible quantité. Les verreries qui ne font que du verre demi-blanc le classent également par 1er et 2e choix mêlés, et par 3e choix, ce qui n'équivaut qu'à deux choix; il y en a même, parmi ces dernières, qui livrent leur verre sans faire aucun choix, et qui laissent au commerce le soin de le classer ensuite comme il l'entend.

Le verre demi-blanc provenant des verreries qui fabriquent du verre blanc diffère très-peu de ce dernier tant pour la teinte que pour la fabrication; c'est ce qui permet à ces verreries d'écouler facilement les choix inférieurs de leur verre blanc avec leur verre demi-blanc quand ils ne sont qu'équivalents à ce dernier.

(1) La verrerie de Bagneaux est de ce nombre.
(2) Sans nous étendre sur la dénomination du verre en table ou du verre dit de Bohême, nous dirons seulement que, les premiers verres blancs nous étant venus de la Bohême, le verre qui se vend aujourd'hui sous le nom de verre en table ou de verre dit de Bohême n'est autre chose que le verre blanc.
(3) Les verreries de Prémontré et de Choisy-le-Roi sont de ce nombre.

Le verre qui s'étend sur la lagre (1) est pris dans le premier choix tant en verre blanc qu'en verre demi-blanc simple ou double, mais plus généralement en verre blanc.

Le verre blanc de premier choix et le verre dit à la lagre ne laissant rien à désirer sous aucun rapport, ils s'emploient dans les travaux de premier ordre ou pour estampes.

Le verre blanc DE DEUXIÈME CHOIX des meilleures verreries, simple ou double, clair ou dépoli, peut satisfaire tout le monde dans les travaux de bâtiments.

FOURNITURE DU VERRE.

S'il n'a été fait aucune convention pour la fourniture du verre, elle sera considérée comme devant être faite en verre blanc de deuxième choix, provenant des verreries de Bagneaux, de Prémontré, de Choisy-le-Roi, ou de toute autre dont les produits seraient équivalents à ceux de ces usines, qui ne laissent rien à désirer tant pour la blancheur que pour la régularité presque invariable dans leur fabrication.

Il ne doit donc être fourni et compté de verre blanc de premier choix ou de verre à la lagre qu'autant qu'il en serait expressément demandé, soit pour des travaux de premier ordre, soit pour des estampes.

Le verre blanc de troisième choix, simple ou double, peut dans certaines localités remplacer parfaitement celui de deuxième choix, comme, par exemple, dans les hangars, les cages d'escalier de peu d'importance, les cours couvertes, etc.; cependant cette qualité ne sera fournie qu'autant qu'elle aura été demandée.

Le verre demi-blanc, simple ou double, tant en premier qu'en deuxième et en troisième choix, et à la lagre, ne sera fourni qu'autant qu'il en sera expressément demandé.

Les verres dits *entiers* ou *semi-doubles*, blancs et demi-blancs se fabriquent exprès, et on ne doit les fournir qu'autant qu'ils sont expressément commandés.

Toutes les autres natures de verres, ainsi que les dimensions les plus grandes que l'on puisse donner à chacune d'elles, sont indiquées ci-après, page 88 et suivantes.

NOTA. On ne fabrique pas de verre à la lagre en deuxième choix, ni de pièces hors mesure en troisième choix. On ne fabrique également pas de verre demi-blanc au-dessus de 65 centimètres superficiels.

MOYEN DE RECONNAITRE LA QUALITÉ ET LE CHOIX DU VERRE.

Pour reconnaître la qualité et le choix du verre, lorsqu'il s'agira de la vitrerie d'un bâtiment, il sera déposé, entre les mains de l'architecte ou du propriétaire, des échantillons, et même, s'ils le désirent, des feuilles de verre blanc et de verre demi-blanc simple et double (2), et, en signant sur l'échantillon ou sur la feuille dont on adoptera la qualité et le choix, on indiquera le nom de la verrerie de laquelle

---

(1) La lagre est une pièce de verre formant plancher mobile, sur laquelle on place le manchon, dans un premier four, d'une température très-élevée, où on l'étend en feuille; puis on fait glisser la lagre à plat (avec la feuille qui est dessus) dans un four moins chaud, où cette feuille refroidit lentement; ensuite la lagre est ramenée dans le premier four pour recevoir un nouveau manchon, et ainsi de suite.

Tout ce travail est fait pour éviter le frottement des feuilles sur les carreaux des fours, frottement qui occasionne les rayures que l'on rencontre sur tous les verres, même sur ceux de premier choix (*non étendus sur la lagre*), qui sont le mieux fabriqués.

(2) Le verre blanc simple doit avoir une épaisseur moyenne d'environ un millimètre et demi; le verre blanc double doit avoir une épaisseur moyenne d'environ trois millimètres; le verre blanc dit entier ou semi-double doit avoir une épaisseur moyenne entre celle du verre simple et celle du verre double.

il provient, afin qu'en cas de contestation on puisse avoir recours au verrier, qui généralement reconnaît toujours la teinte de son verre, surtout si c'est du verre blanc.

NOTA. La pose des verres sur objets neufs ne doit être faite qu'après deux couches de peinture à l'huile données dans les feuillures; autrement, la destruction des bois, causée par l'humidité qui s'introduirait dans ces feuillures, ferait promptement détacher les mastics.

La vitrerie extérieure ne doit jamais se faire par un temps humide, notamment celle en réparation sur les châssis de toit, qui, dans l'hiver surtout, sont toujours imbibés d'eau : cette vitrerie, s'il était possible, ne devrait jamais être faite qu'en été, parce que, les châssis étant secs, le mastic à l'huile ferait corps avec le bois et empêcherait les infiltrations d'eau.

Pour la vitrerie en réparation sur objets vieux, une couche au moins de peinture à l'huile est nécessaire dans les feuillures après le démasticage; pour les châssis de toit, deux et même trois couches ne seraient pas trop.

On ne devrait vitrer les bâtiments neufs que le plus tard possible, non pas dans la crainte qu'il ne soit cassé des carreaux, mais dans l'intérêt même du bâtiment; car nous pensons que le plus grand feu pour sécher le plâtre ne vaut pas l'air (c'est ce que toutes les personnes qui entrent dans ces détails ont été à même de remarquer).

RESPONSABILITÉ DE LA CASSE DES VERRES APRÈS LEUR POSE.

Il arrive souvent que, après la vitrerie faite, il se fêle beaucoup de verres sans que l'on y touche : ces fêlures proviennent quelquefois de ce que les feuilles sont gauches; elles proviennent encore des pointes que l'on a trop serrées dessus en les posant, du manque de jeu dans les feuillures où elles sont placées, ou de leur rétrécissement avec le grugeoir (1), opération qui, si elle n'est pas faite avec grand soin, occasionne de petites fêlures qui s'agrandissent aux moindres mouvements des bois. *Tous les carreaux dont la casse proviendra de ces causes seront remplacés aux frais de l'entrepreneur.*

_____

(1) Le grugeoir est un morceau de fer plat sur les côtés duquel sont pratiquées des encoches de diverses largeurs, dans lesquelles on introduit les bords du verre pour en gruger les petites parties qui restent quelquefois après la coupe au diamant quand elle n'a pas été parfaite.

MODE

DE MÉTRAGE DE LA VITRERIE.

La vitrerie se fait, comme la peinture, *sur objets neufs* et *sur objets vieux*.

Nous entendons, par OBJETS NEUFS, tous les châssis et croisées en bois ou en fer qui n'auraient pas encore été vitrés, et, par OBJETS VIEUX, tous ceux qui l'auraient déjà été.

Dans le premier cas (*sur objets neufs*) sont compris les pointes, le mastic, les cales et les agrafes en plomb, soit pour la pose ordinaire, soit pour la pose entre deux mastics.

Dans le deuxième cas (*sur objets vieux*) sont compris le démasticage des anciens verres, l'impression des feuillures à l'huile avant la pose des nouveaux, les pointes, le mastic, les cales et les agrafes en plomb (soit pour la pose ordinaire, soit pour la pose entre deux mastics), ainsi que tous les autres faux frais résultant des différentes localités et du plus grand soin que l'on est obligé d'apporter lorsqu'il s'agit surtout de faire ce travail dans les endroits habités.

Bien que la vitrerie se fasse sur des objets neufs et sur des objets vieux, et qu'en apparence il soit plus convenable d'adopter ces deux dénominations (*objets neufs et objets vieux*) que toutes autres, puisque ce sont celles que l'on pourrait le mieux déterminer, nous devons néanmoins, pour la métrer et la compter de la manière la plus équitable, la considérer comme étant faite *ou en grande quantité ou en petite quantité*, et, à cet effet, adopter les deux dénominations suivantes : VITRERIE EN TRAVAUX NEUFS et VITRERIE EN RÉPARATION.

Nous estimons que la vitrerie faite, en même temps et dans le même endroit, sur objets vieux ou neufs, doit être considérée et comptée comme VITRERIE EN TRAVAUX NEUFS, si elle a produit au moins cinq mètres superficiels, mais que celle qui serait faite sur divers points et à des intervalles différents, sans avoir produit cinq mètres superficiels à chaque déplacement, doit être comptée comme VITRERIE EN RÉPARATION, encore bien qu'elle ait été faite sur objets neufs.

Les pièces de verre de toute espèce, fournies et posées, dont les dimensions sont comprises dans les 6 mesures du commerce, seront mesurées du fond des feuillures, et comptées en surface, d'après le prix du mètre superficiel : celles dont les dimensions sont au-dessus des 6 mesures (*qui sont dites hors mesure*) seront comptées à la pièce, aux prix indiqués au tarif, pages 90 et 91.

Les petits carreaux et les bandes en verre blanc clair ou dépoli et en verre mousseline, dont les dimensions peuvent être prises dans les 6 mesures du commerce, qui ne produiront pas plus de 10 centimètres de surface, seront comptés en centimètres superficiels suivant les évaluations qui suivent :

Ceux					de surface seront comptés pour		
	jusqu'à	2 cent.				6	
	de	2 à	4			7	
	de	4 à	6			8	centimètres superficiels.
	de	6 à	8			9	
	de	8 à	10			10	

Les petits carreaux et bandes en *verre de couleur* jusqu'à 2 centimètres de surface seront comptés pour 2 centimètres superficiels.

Les pièces de verre de toute espèce, fournies et posées à des châssis ou croisées de forme irrégulière, seront mesurées suivant les dimensions des plus petites feuilles de verre dans lesquelles elles pourront avoir été coupées : et, lorsque les morceaux ou chutes qui en proviendront seront employés à ces châssis ou croisées (ou même ailleurs), ils ne seront comptés que pour pose; et, dans le cas contraire, ils seront repris en compte chaque fois qu'il pourra y être inscrit une pièce rectangulaire de 0 m. 40 sur 0 m. 30, et au-dessus; et ce, d'après la surface de la pièce inscrite, et aux prix indiqués au tarif. Il en sera de même pour les verres de couleur, qui seront repris jusqu'à 10 cent. carrés.

Les morceaux de verre de toute nature provenant de la vitrerie en réparation seront repris en compte dans les mêmes dimensions que les chutes ci-dessus, quand toutefois ils seront à peu près de la même qualité que ceux qui seraient fournis.

NOTA. Les verres de toute espèce ne sont pas très-propres lorsqu'on les pose; mais le moindre nettoyage suffit pour enlever l'huile encore toute fraîche que le mastic y laisse. Ce n'est donc que par suite du travail des ouvriers de tous les corps d'état qu'ils sont salis (après la pose), et qu'un fort nettoyage devient nécessaire. Il est juste de compter ce nettoyage partout où la vitrerie sera faite, à moins qu'elle ne soit posée après l'entier achèvement de tous les travaux (même ceux de peinture), et dans ce cas le nettoyage ne devrait pas être compté.

Les agrafes en plomb, les coupes cintrées et les cales sous les recouvrements des verres pour châssis de comble faisant partie du prix de la pose, elles ne seront pas comptées à part.

Il n'en sera pas de même des coupes irrégulières, d'ajustement et entailles pour les travaux extraordinaires; elles seront toujours comptées.

TARIF DE LA VITRERIE.

NOTA. Tous les verres dont les prix suivent proviennent (ainsi que nous l'avons dit précédemment) des verreries de BAGNEAUX, PRÉMONTRÉ et de CHOISY-LE-ROI.

Les 6 mesures du commerce sont comme nous l'avons dit, page 84 :

69 c. sur 54 c. — 75 c. sur 51 c. — 81 c. sur 48 c.
84 c. sur 45 c. — 90 c. sur 42 c. — et 96 c. sur 39 c.

| | Le Mètre superficiel, fourni et posé | | | |
| | en travaux neufs. | | en réparation. | |
	Simple.	Double.	Simple.	Double.
1er CHOIX (pour travaux de 1er ordre ou pour estampes, et lorsqu'il est expressément demandé)	5 80	10 75	6 80	11 75
2e CHOIX (POUR TOUS LES TRAVAUX EN GÉNÉRAL, à moins d'ordres contraires). Voir aux observations, page 85.	4 50	8 00	5 50	9 00
3e CHOIX (pour travaux inférieurs, et lorsqu'il est expressément demandé)	3 75	6 75	4 75	7 75
ÉTENDU ET POUSSÉ SUR LA LAGRE (lorsqu'il est expressément demandé)	6 30	11 85	7 30	12 85
NOTA. Il ne se fabrique de verre dit à la lagre qu'en 1er choix.	» »	» »	» »	» »
DÉPOLI AU GRÈS	8 00	11 65	9 00	12 65
NOTA. On ne dépolit ordinairement que le verre de 2e choix.	» »	» »	» »	» »
Pour que l'huile du mastic qui maintient le verre dépoli ne s'étende pas dessus ni ne le tache, il suffit d'encoller les bords des feuilles.	» »	» »	» »	» »
CANNELÉ	8 00	11 65	9 00	12 65
NOTA. On ne fabrique ordinairement de verre cannelé qu'en verre de 2e choix.	» »	» »	» »	» »
CINTRÉ EN PLAN 1er CHOIX.	11 00	21 00	12 00	22 00
NOTA. Pour prévenir les infiltrations d'eau par les châssis de toit ou lanternes, il est indispensable que les feuillures de ces châssis n'aient pas moins de 25 millimètres de profondeur pour recevoir du verre simple et 35 millimètres pour recevoir du verre double, afin de pouvoir y loger la quantité de mastic nécessaire pour éviter ces infiltrations.	» »	» »	» »	» »
1er Choix (pour les mêmes travaux que ci-dessus).	7 00	11 95	8 10	13 05
2e Choix (pour tous les travaux en général comme ci-dessus).	5 70	9 20	6 80	10 30
3e Choix (pour les mêmes travaux que ci-dessus).	4 95	7 95	6 05	9 05
Étendu et poussé sur la lagre (lorsqu'il est expressément demandé).	7 50	13 05	8 60	14 15
Dépoli au grès (même observation que ci-dessus).	9 20	12 85	10 30	13 95
1er et 2e Choix (confondus).	4 00	7 35	5 00	8 35
3e Choix.	3 50	6 20	4 50	7 20
Étendu et poussé sur la lagre.	4 40	8 00	5 40	9 00
1er et 2e Choix (confondus).	5 20	8 55	6 30	9 65
3e Choix.	4 70	7 40	5 80	8 50
Étendu et poussé sur la lagre.	5 60	9 20	6 70	10 30

Avec solins ou bandes ordinaires en mastic.

Entre 2 mastics contre-mastiqués (compris cales, agrafes et coupes cintrées).

VERRE BLANC dans les 6 mesures du commerce, fourni et posé.

VERRE DEMI-BLANC et VERRE ORDINAIRE dans les 6 mesures du commerce, fourni et posé.

Avec solins ou bandes ordinaires en mastic.

Entre deux mastics contre-mastiqués (compris cales, agrafes et coupes cintrées).

Tableau du prix des pièces de verre blanc de 2e choix

dans les 6 mesures du commerce, *fournies et posées en réparation.*

Nota Bien que tous les prix de verres blancs et demi-blancs soient indiqués au mètre superficiel dans la page précédente, nous indiquons néanmoins dans ce tableau, le prix des verres blancs de 2e choix fournis et posés en réparation, attendu souvent on les compte à la pièce dans les cours des mémoires.

Ce prix de Verres à la pièce, sont basés sur ceux du mètre superficiel; et si nous n'indiquons pas de prix à la pièce pour 8 autres qualités, c'est que le verre blanc de deuxième choix est le plus généralement employé, à moins de demande particulière.

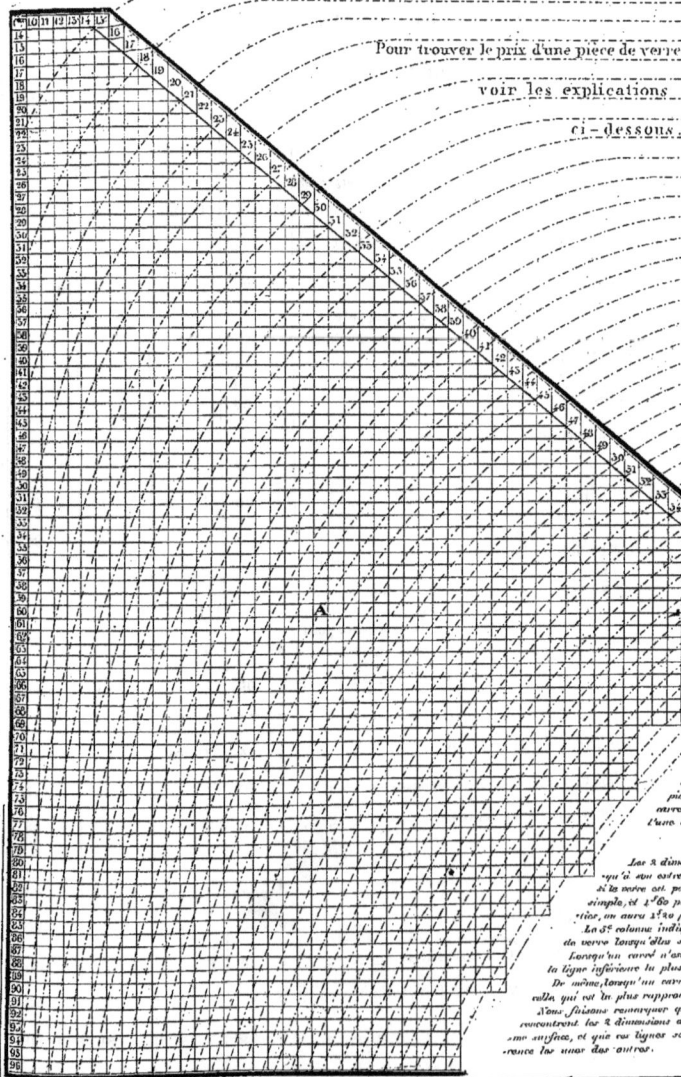

Pour trouver le prix d'une pièce de verre,

voir les explications

ci-dessous.

Prix de la Pièce de verre blanc 2e choix fournie et posée en réparation (tout compris)				Plus-value à ajouter aux prix des pièces de verre simple ou double qui sont dépolies au grès
avec solin ordinaire de Mastic		Entre deux Mastics		
Simple	Double	Simple	Double	
F. c.	F. c.	F. c.	F. c.	F. c.
0.35	0.55	0.40	0.60	0.20
0.40	0.65	0.50	0.70	0.25
0.40	0.65	0.50	0.70	0.25
0.45	0.70	0.55	0.80	0.30
0.45	0.70	0.55	0.80	0.30
0.50	0.80	0.60	0.95	0.30
0.50	0.80	0.60	0.95	0.30
0.55	0.90	0.70	1.05	0.35
0.55	0.90	0.70	1.05	0.35
0.60	1.00	0.75	1.15	0.40
0.65	1.10	0.80	1.25	0.40
0.70	1.15	0.90	1.35	0.45
0.75	1.25	0.95	1.45	0.50
0.85	1.35	1.00	1.55	0.55
0.90	1.45	1.10	1.65	0.55
0.95	1.55	1.15	1.75	0.60
1.00	1.60	1.20	1.85	0.65
1.05	1.70	1.30	1.95	0.65
1.10	1.80	1.35	2.05	0.70
1.15	1.90	1.45	2.15	0.75
1.20	2.00	1.50	2.25	0.75
1.25	2.05	1.55	2.35	0.80
1.30	2.15	1.65	2.45	0.85
1.40	2.25	1.70	2.60	0.90
1.45	2.35	1.75	2.70	0.90
1.50	2.45	1.85	2.80	0.95
1.55	2.50	1.90	2.90	1.00
1.60	2.60	1.95	3.00	1.00
1.65	2.70	2.05	3.10	1.05
1.70	2.80	2.10	3.20	1.10
1.75	2.90	2.15	3.30	1.10
1.80	2.95	2.25	3.40	1.15
1.85	3.05	2.30	3.50	1.20
1.95	3.15	2.40	3.60	1.25
2.00	3.25	2.45	3.70	1.25
2.05	3.35	2.50	3.80	1.30
2.10	3.40	2.60	3.90	1.35
2.15	3.50	2.65	4.00	1.35

Explications.

Pour trouver le prix d'une pièce de verre, il faut d'abord chercher le carré où se rencontrent les 2 dimensions de la pièce; ensuite, remonter la ligne ponctuée qui passe dans ce carré, et le prix est indiqué à l'extrémité de cette ligne dans l'une des 4 colonnes de droite.

Exemple :

Soit une pièce de verre de 30c sur 60c. Les 2 dimensions se rencontrent au carré A, et, en remontant jusqu'à son extrémité la ligne ponctuée qui traverse ce carré, on aura, si le verre est posé avec solin ordinaire de mastic, 1f ou pour du verre simple, et 1f60 pour du verre double; et si le verre est posé entre 2 mastics, on aura 1f20 pour le verre simple, et 1f85 pour du verre double.

La 5e colonne indique la plus-value qu'il faut ajouter aux prix des pièces de verre lorsqu'elles sont dépolies au grès.

Lorsqu'un carré n'est pas traversé par une ligne ponctuée, il faut remonter la ligne inférieure la plus rapprochée, et appliquer les prix qu'elle indique.

De même, lorsqu'un carré est traversé par 2 lignes ponctuées, il faut remonter celle qui est la plus rapprochée du milieu de ce carré.

Nous faisons remarquer que les lignes ponctuées passent par tous les carrés ou se rencontrent les 2 dimensions des pièces de verre qui à très peu de chose près, ont la même surface, et que ces lignes sont toutes menées à 1 centimètre superficiel de différence les unes des autres.

VERRE À LA PIÈCE HORS

Tableau du prix des pièces de verre blanc simple de 2.ᵉ choix.

Fournies, non compris pose. (voir les Observations ci contre pour les autres espèces de verre)

Nota. Comme nous l'avons dit précédemment, les Verres blancs de 2.ᵉ Choix, simples comme doubles, pouvant en général satisfaire tout le monde pour les travaux de bâtiment, il ne devra donc être fourni et compté de Verre blanc en premier choix ou de verre à la lagre, l'un ou l'autre simple ou double, sans qu'il en ait été expressément demandé.

Il en sera de même pour le verre demi-blanc, n'importe le Choix, l'épaisseur, ou à la lagre; ils ne seront fournis et comptés qu'autant qu'il en aura été expressément demandé.

Pour obtenir le prix d'une pièce de verre hors mesures, voir les observations et les explications ci-contre.

Cent. mètres	30	33	36	39	42	45	48	51	54	57	60	63	66	69	72	75	78	81	84	87	90	93	96	99
57										1.30														
60										1.45	2.35													
63										1.55	1.70	1.85												
66										1.65	1.80	1.95	2.20											
69										1.75	1.90	2.15	2.35	2.60										
72									1.79	1.90	2.10	2.30	2.55	2.80	3.10									
75									1.85	2.05	2.25	2.50	2.75	3.05	3.40	3.70								
78								1.75	2.00	2.30	2.45	2.70	3.00	3.30	3.60	4.00	4.50							
81								1.90	2.15	2.35	2.65	2.90	3.20	3.55	3.95	4.40	4.90	5.25						
84							1.80	2.05	2.30	2.55	2.85	3.15	3.50	3.90	4.35	4.80	5.25	5.80	6.35					
87						1.75	1.95	2.30	2.45	2.65	3.10	3.45	3.80	4.25	4.70	5.20	5.70	6.30	6.95	7.60				
90						1.90	2.10	2.35	2.65	2.95	3.35	3.70	4.25	4.60	5.10	5.65	6.20	6.90	7.55	8.30	9.15			
93					1.80	2.00	2.25	2.55	2.85	3.25	3.60	4.00	4.45	4.95	5.55	6.15	6.75	7.45	8.20	9.05	9.95	10.85		
96					1.95	2.15	2.35	2.70	3.10	3.45	3.90	4.35	4.85	5.40	6.00	6.65	7.35	8.10	8.95	9.85	10.75	11.85	12.95	
99	1.60	1.65	1.75	1.90	2.15	2.30	2.60	2.90	3.30	3.55	4.20	4.70	5.25	5.85	6.30	7.20	8.00	8.80	9.75	10.65	11.75	12.65	14.05	15.40
102				2.05	2.25	2.50	2.80	3.20	3.45	4.00	4.50	5.05	5.65	6.30	7.00	7.75	8.60	9.55	10.50	11.55	12.75	14.00	15.35	16.75
105				2.15	2.45	2.65	3.00	3.40	3.75	4.30	4.80	5.40	6.00	6.75	7.55	8.40	9.35	10.35	11.35	12.50	13.75	15.25	16.60	18.40
108				2.20	2.70	2.95	3.20	3.60	4.05	4.60	5.45	5.75	6.45	7.45	8.10	9.00	10.00	11.10	12.25	13.55	14.90	16.50	18.25	20.05
111				2.30	2.90	3.45	3.50	3.95	4.25	4.90	5.45	6.20	6.95	7.80	8.65	9.65	10.80	11.95	13.35	14.65	16.10	17.90	19.80	21.80
114				2.40	3.10	3.45	3.95	4.35	4.75	5.20	5.90	6.70	7.45	8.30	9.35	10.40	11.55	12.85	14.20	15.75	17.40	19.40	21.40	23.65
117					3.35	3.85	4.30	4.80	5.10	5.55	6.30	7.10	7.95	8.90	10.05	11.15	12.50	13.80	15.30	16.95	18.85	20.90	23.15	25.65
120					3.75	4.15	4.60	5.00	5.30	5.95	6.70	7.60	8.45	9.55	10.80	12.00	13.40	14.90	16.40	18.20	20.30	22.60	25.05	27.60
123					4.25	4.60	5.10	5.30	5.70	6.30	7.35	8.10	9.20	10.30	11.60	12.85	14.40	16.60	17.70	19.60	21.75	24.20	26.95	29.45
126					4.60	5.30	5.45	5.75	6.40	7.10	7.85	8.60	9.75	11.00	12.35	13.75	15.45	17.20	19.10	21.05	23.25	25.95	28.75	31.55
129					5.15	5.75	6.05	6.60	6.95	7.55	8.25	9.30	10.55	11.75	13.10	14.80	16.50	18.50	20.50	22.50	24.90	27.70	30.90	33.60
132					5.85	6.25	6.80	7.20	8.25	8.55	8.95	9.95	11.05	12.60	14.00	15.80	17.75	19.90	22.00	24.50	26.55	29.30	32.60	37.30
135					6.40	7.00	7.50	8.25	9.05	9.30	9.65	10.70	11.85	13.40	14.95	16.95	19.05	21.30	23.55	26.00	28.55	31.10	34.70	39.35
138					7.05	7.85	8.35	9.05	9.50	9.90	10.60	11.40	12.85	14.20	15.90	18.00	20.45	22.85	25.15	27.95	30.35	33.10	36.15	41.65
141					7.30	8.55	9.25	9.95	10.25	10.80	11.60	12.90	14.00	15.45	16.90	19.25	21.80	24.35	26.85	29.65	32.50	35.75	42.25	44.60
144					7.85	9.45	10.20	10.75	11.05	11.75	12.60	13.80	15.35	16.70	18.30	20.55	23.20	25.95	28.45	31.55	34.80	39.70	42.85	46.75
147					8.20	8.95	9.15	11.70	12.10	13.05	14.05	15.15	16.70	18.15	20.20	21.95	23.05	27.95	30.35	33.75	37.60	42.90	46.00	50.70
150							13.15	13.95	14.00	18.40	19.60	21.25	22.70	22.85	25.60	28.75	31.75	33.75	37.30	41.90	46.40	51.70	58.02	

6 MESURES DU COMMERCE.

Prix de la Pose
des pièces de verre hors mesures simple ou double.

colonne	Plus-value à ajouter aux prix des pièces de verre simple ou double qui sont dépolies au grès
en Travaux neufs	**en Réparation**	
avec solin ordinaire e Mastic.	Entre deux Mastics.	avec solin ordinaire de Mastic.	Entre deux Mastics.	c.
f. c.	f. c.	f. c.	f. c.	c.
0.25	0.70	0.60	1.00	0.15
0.25	0.75	0.65	1.05	0.15
0.26	0.80	0.70	1.10	0.15
0.30	0.9	0.75	1.20	0.15
0.20	0.5	0.80	1.3	0.20
0.35	1.00	0.85	1.40	0.20
0.35	1.10	0.95	1.50	0.20
0.40	1.20	.00	1.60	0.20
0.40	1.2	1.05	1.	.25
0.45	1.30	1.10	1.80	0.25
0.45	1.35	1.15	1.90	0.25
0.50	1.40	.20	.00	0.30
0.50	1.45	1.25	2.10	0.30
0.55	1.50	1.30	2.20	0.30
0.55	1.55	1.35	2.25	0.40
0.60	1.60	1.40	2.30	0.40
0.60	1.65	1.45	2.40	0.40
0.65	1.75	1.50	2.50	0.45
0.65	1.80	1.55	2.60	0.45
0.7	1.85	1.60	2.70	.45
0.70	1.90	1.65	2.75	0.50
0.75	1.95	1.70	2.80	0.50
0.75	2.	1.75	2.90	0.50
0.75	2.10	1.80	3.00	0.50

Observations.

Les prix de la pose des verres hors des 6 mesures n'augmentant ni ne diminuant pas en proportion du prix des pièces, mais seulement en raison de leur plus ou moins grande surface, nous indiquons, d'une part, ci-dessous les prix du verre (non compris pose,) et de l'autre, dans les cinq colonnes ci-contre, les prix qu'il faut ajouter à ceux du verre pour la pose, soit en travaux neufs, soit en réparation, avec solin ordinaire, ou entre deux mastics.

Verre blanc

Simple
- **2ᵉ Choix.** Les prix du tableau ci-contre. *(plus la pose.)*
- **1ᵉʳ Choix.** 18 pour 100 en sus des prix du tableau ci-contre. *(plus la pose.)*
- **Étendu et poussé sur la lagre.** 10 pour 100 en sus du 1ᵉʳ choix, ou 50 pour 100 en sus des prix du tableau ci-contre *(plus la pose.)*
- **Dépoli au grès.** *(2ᵉ choix.)* 65 pour 100 en sus des prix du tableau ci-contre. *(plus la pose en ajoutant la plus-value indiquée dans la 5ᵉ colonne.)*
- **Cannelé.** Mêmes prix que le verre dépoli.
- **Cintré en plan.** Le double du prix des verres plats ci-dessus *(plus la pose.)*

double
- **2ᵉ Choix.**
- **1ᵉʳ Choix.**
- **à la lagre.** 2 fois le prix des verres simples ci-dessus. *(plus la pose.)*
- **Dépoli au grès.** 3 fois les prix du tableau ci-contre. *(plus la pose, en ajoutant la plus-value indiquée dans la 5ᵉ colonne.)*

Verre demi-blanc dit verre ordinaire

Simple
- **1ᵉʳ et 2ᵉ Choix.** *(confondus)* 10 pour 100 de moins que les prix du tableau ci-contre. *(plus la pose.)*
- **Étendu et poussé sur la lagre** mêmes prix que ceux du tableau ci-contre *(plus la pose.)*

double
- 2 fois le prix des verres demi-blancs simples ci-dessus. *(plus la pose.)*

Nota. *On ne fabrique pas de verre demi-blanc au dessus de 0.65, su... iels*

Explications.

Pour trouver le prix de la pose d'une pièce de verre hors mesures il faut remonter la ligne ponctuée qui passe dans le carré où est placé le prix du verre, et le prix qu'il faut ajouter pour la pose est indiqué à l'extrémité de cette ligne, dans l'une des quatre colonnes de droite.

Exemple.

Soit une pièce de verre simple de 2ᵉ choix de 1.20 sur 0.75 fournie et posée en réparation

	f. c.
Le prix du verre (non compris pose) indiqué au tableau est de	12.00
Le prix de la pose indiqué dans la 3ᵉ colonne à droite du tableau à l'extrémité de la ligne ponctuée qui traverse le carré où est placé le prix du verre est de	1.20
Prix de la pièce de verre compris pose	13.20 c.

La 5ᵉ colonne indique la plus-value de pose qu'il faut ajouter aux prix des pièces de verre lorsqu'elles sont dépolies au grès.

Lorsqu'un carré n'est pas traversé par une ligne ponctuée ou lorsqu'il s'en trouve qui sont traversés par deux, il faut procéder comme il est indiqué au bas du tableau précédent page 89.

Nous faisons remarquer que les lignes ponctuées de ce tableau sont semblables à celles du tableau précédent, à l'exception que comme elles n'indiquent que la pose, elles sont seulement menées à 0.05 superficiels de différence les unes des autres.

	Le Mètre superficiel fourni et posé	
	en travaux neufs.	en réparations.
NOTA. On ne fabrique de verre de couleur qu'en verre simple et généralement jusqu'à 0,69 sur 54.	» »	» »
VERRES de COULEUR. Rouge. 1er choix.	48 00	50 00
Rouge. 2e choix.	35 00	37 00
Orange.	22 00	24 00
Jaune.	20 00	22 00
Vert.	38 00	40 00
Bleu. Indigo. Violet.	17 00	19 00

	Le Mètre superficiel		
	Dans les 6 mesures du commerce, compris fourniture et pose du verre;		Hors des 6 mesures du commerce, pour façon du dessin seulement (1)
	en travaux neufs.	en réparation.	
VERRE MOUSSELINE. NOTA. On ne fabrique de verre mousseline qu'en verre simple et seulement jusqu'à 1 m. 10 c. sur 0 m. 75 c. .	» »	» »	» »
A dessin transparent sur mat.	16 50	18 00	15 00
A dessin mat sur mat.	19 50	21 00	18 00
A dessin suivant modèle donné...	37 50	39 00	36 00
A dessin jaune. .... de. ...	31, 50, à 46, 50	33, 00, à 48, 00	30,.00, à 45, 00
A dessin transparent.. Sur bleu ou violet mat.	31 50	33 00	30 00
— jaune.	34 50	36 00	33 00
— orange.	37 50	39 00	36 00
— vert.	49 50	51 00	48 00
— rouge.	61 50	63 00	60 00

(1) Les verres mousseline hors mesures se comptent à la pièce, en ajoutant au prix de façon du dessin la fourniture du verre en verre à la lagre, d'après le tarif, pages 90 et 91; plus, la pose.

		Le Mètre superficiel.
VERRE BLANC ÉPAIS fourni et posé.	Pour tablettes (verre à glace ou verre triple).	25 00
	NOTA. On ne fabrique généralement de verre épais pour tablettes et autres objets analogues que dans les 6 mesures : son épaisseur moyenne est d'environ 5 millimètres.	» »
		Le kilogramme.
	Pour dalles ou pavés (*servant à éclairer les étages souterrains*). . .	2 00
	NOTA. On ne fabrique de verre épais pour dalles ou pavés que suivant les dimensions données, qui ne peuvent excéder 40 à 50 centimètres carrés (*le moule en fonte se paye à part*).	» »

GLACES BRUTES fournies et posées pour dalles (*servant à éclairer les étages souterrains*). 2 50

On fabrique des dalles en glaces brutes dans les plus grandes dimensions et de toutes les épaisseurs. . . . . » »

CARREAUX peints au trait. . . . .
Idem   idem   et ombrés. . . . .
VITRAUX mis en plomb. . . . .   se traitent de gré à gré. . . » »
VERRES OPALES. . . . .
BORDURES à dessins. . . . .
INSCRIPTIONS (lettres). . . . .

VERRE de toute espèce REPRIS EN COMPTE, moitié des prix de fourniture. . . . » »

		La Pièce.		
		Carreau jusqu'à 0,75 à l'équerre. (1)	Pièce ordinaire de 0,75 à 1,20 à l'équerre. (1)	Grande Pièce de 1,20 à 2,00 à l'équerre. (1)
OUVRAGES DIVERS.	Dépose avec précaution pour conserver. .	0 15	0 20	0 30
	NOTA. On ne peut répondre de la casse des verres que l'on dépose que d'un sur trois, et le démasticage de ceux que l'on casse ne doit pas être compté..	» »	» »	» »
	Pose à façon. Avec solin ordinaire. . .	0 15	0 25	0 35
	Pose à façon. Entre deux mastics . . .	0 25	0 50	0 90
	Remasticage en recherche avec impression des parties de feuillures à l'huile. Sur croisées ou châssis	0 05	0 10	0 15
	Remasticage en recherche avec impression des parties de feuillures à l'huile. Sur châssis de comble	0 15	0 30	0 45

(1) On entend, par mesure *à l'équerre*, la réunion des 2 dimensions (longueur et largeur) des objets.

	La Pièce.		
	Carreau jusqu'à 0,75 à l'équerre.	Pièce ordinaire de 0,75 à 1,20 à l'équerre.	Grande Pièce de 1,20 à 2,00 à l'équerre.
Contre-masticage intérieur en mastic à l'huile.	0 08	0 20	0 35
Dépolissage à l'huile au tampon.	0 15	0 25	0 40
Nettoyage de verre. D'une face.	0 02	0 03	0 08
De 2 faces.	0 03	0 05	0 10
Avec lessivage pour enlever le dépolissage à l'huile.	0 10	0 20	0 30
De châssis de comble ou de lanternes sans les recouvrements	0 05	0 10	0 20
Idem, avec nettoyage des recouvrements.	0 10	0 15	0 30
NOTA. Au-dessus de 2,00 à l'équerre, le nettoyage sera compté au même prix que celui des glaces, page 49.	» »	» »	» »

OUVRAGES DIVERS (Suite).

	Le Mètre linéaire.
Vasistas en fer-blanc. Ordinaire. Sans châssis.	2 80
Avec châssis.	5 60
A soufflet. Sans châssis.	4 20
Avec châssis.	8 40
Loqueteau à ressort, en cuivre pour vasistas.	1 25
Joint-vif biseauté.	1 00

JOURNÉE de vitrier; NUIT de vitrier.

Même prix et même observation que pour celles des peintres, page 53.

OBSERVATIONS GÉNÉRALES.

On regrettera peut-être que nous n'ayons pas joint aux divers tarifs les détails qui nous ont servi à en établir les prix; mais ces détails, qui pourront faire l'objet d'une publication particulière, ne seraient que d'un intérêt secondaire pour les personnes qui font faire les travaux; car le premier besoin de chacun est de connaître le prix exact des choses et d'être à même de juger s'il est bien servi.

DEVIS.

La question des devis est fort délicate à traiter : suivant nous, c'est une question de conscience, et qui nous semble n'être pas généralement envisagée sous son véritable point de vue; car, il faut bien s'en convaincre, l'entrepreneur ne peut pas donner un devis pour des travaux comme le marchand donne des prix de marchandise. L'entrepreneur, pour établir un devis, est obligé de faire des dépenses plus ou moins considérables, relativement à l'importance des travaux, et ne peut en être couvert qu'autant qu'il est chargé de leur exécution.

Pour faire un devis détaillé et exact, chaque entrepreneur, dans une même affaire *en concurrence*, dépense environ 10 fr. par mille, lorsqu'il s'agit toutefois de peinture, de dorure, de tenture ou de vitrerie : il serait donc de toute justice, pour obvier à ces charges, de procéder comme le font plusieurs architectes, lesquels ont la précaution de dresser des devis très-détaillés, contenant les mesures et les surfaces toutes calculées, *dont ils garantissent les quantités;* d'où il résulte que l'entrepreneur n'a plus que ses prix à mettre : travail très-simple, et qui ne lui causerait qu'un seul dérangement, conséquence naturelle de sa profession.

Mais, comme ces devis ont occasionné des frais, ils doivent être supportés par celui qui est choisi pour l'exécution des travaux, si, toutefois, le chiffre a servi à fixer le prix d'un marché en bloc et à forfait; car l'entrepreneur doit produire son mémoire comme le marchand sa facture. Dans tout autre cas, les frais de devis *pour renseignement* doivent être à la charge des personnes qui l'ont fait faire.

TRAVAUX DE CAMPAGNE.

Les travaux de toute nature exécutés à la campagne, dans un rayon de 50 kilomètres environ de Paris, seront métrés et comptés de même que les travaux faits à Paris, mais il sera alloué à l'entrepreneur une plus-value de 15 francs par 100 francs sur le total général des mémoires, et ce en raison d'une augmentation de 1 fr. par jour qu'exigent raisonnablement les ouvriers pour leur déplacement. Au delà de cette distance, les voyages d'ouvriers et les transports de marchandises seront payés à part, nonobstant les 15 pour 100 ci-dessus.

RESPONSABILITÉ DE L'ENTREPRENEUR.

Après avoir indiqué d'une manière aussi positive qu'il nous a été possible le champ sur lequel doit se faire la concurrence, il nous reste encore à indiquer quelques faits relatifs à la partie administrative, en ce qui concerne la responsabilité de l'entrepreneur.

Il nous est arrivé souvent d'entendre des réclamations plus ou moins fondées sur le gaspillage et le désordre commis par les ouvriers; mais ce gaspillage et ce désordre ne sont quelquefois que la conséquence d'une agglomération trop considérable d'ouvriers de divers corps d'état réunis sur un même point, et non le résultat de mauvaises intentions de leur part; car leur respect pour la chose d'autrui est beaucoup plus sacré que quelques personnes ne le pensent. Aujourd'hui, plus que jamais, ils comprennent que c'est la manière de se conduire qui distingue les hommes, et que la politesse et les convenances ne doivent pas leur être étrangères.

On ne doit donc pas craindre de se rendre responsable des dégâts dont l'imprévoyance de quelques ouvriers pourrait être la cause : à cet effet, nous en signalerons quelques-uns. Par exemple, en fait de peinture, il s'agit de grande propreté : par cette raison, le peintre est donc appelé, par la nature même de son travail, à visiter les plus petites parties des localités, et à entrer dans les plus minutieux détails sur les défauts ou les dégradations des objets; s'il gratte des plafonds ou des murs ou des boiseries, et qu'il s'y trouve quelques parties de plâtre ou de bois qui soient en mauvais état, il doit en prévenir l'architecte ou le propriétaire; de même, si quelques parties de ferrure se trouvent en mauvais état, il doit aussi en donner avis; lorsqu'il met en couleur les carreaux ou les parquets, comme il n'y a véritablement que lui qui puisse voir les dégâts qui s'y trouvent en raison de la malpropreté qui les couvre, il doit, de même, donner connaissance à qui de droit de tous ces détails (toujours avant de faire son travail), et, dans le cas où il n'aurait pas eu cette précaution, et qu'après sa besogne faite on serait forcé de faire réparer les choses qu'il aurait omis de signaler, les dégâts faits aux travaux de peinture, par suite de la réparation de ces objets, doivent être raccordés aux frais de l'entrepreneur.

Il en sera de même pour tous les carreaux et les glaces qui seraient cassés par les ouvriers.

Lorsque l'importance des travaux ne nécessite pas la destruction des mouvements et cordons de sonnettes, et que l'on aura eu la précaution d'en faire reconnaître le bon état, avant de commencer, ils doivent être laissés de même en quittant l'atelier.

DOMMAGES - INTÉRÊTS DE LA PART DE L'ENTREPRENEUR ENVERS LE PROPRIÉTAIRE.

Dans nos observations sur la peinture, la dorure et la vitrerie, nous avons indiqué les moyens à employer pour reconnaître si les travaux ont été bien exécutés, et si les matières employées sont de la qualité convenue. Il nous reste à parler maintenant des dommages-intérêts que l'entrepreneur devrait au propriétaire dans le cas où il serait constaté que les matières employées sont d'une qualité inférieure, et dans une proportion appréciable à celle qui aurait été déterminée dans leur marché, soit verbal, soit écrit; il est inutile de dire que, si aucune convention n'a été antérieurement faite, les matières employées par l'entrepreneur doivent être considérées comme de première qualité et provenant des meilleures fabriques, comme nous l'avons indiqué, page 3.

Pour la peinture, nous estimons que, dans le cas où, par l'analyse chimique, il serait démontré que la céruse employée est inférieure d'une manière appréciable à celle convenue, l'entrepreneur devrait subir un rabais de 25 pour cent sur tous les travaux dans lesquels il entre de la céruse. Dans le cas où l'analyse chimique démontrerait qu'il a été employé de la colle de peau ou de pâte dans le but de remplacer l'huile, l'entrepreneur devrait subir un rabais de 50 pour cent sur la totalité des peintures où il aurait été possible de substituer la colle à l'huile, et ce en raison du mauvais résultat que doit avoir tôt ou tard l'emploi de pareille matière, notamment sur le plâtre.

Pour la dorure, nous estimons que, si l'essai de l'or démontrait qu'il se trouve à un titre inférieur à celui stipulé, il serait fait un rabais de 25 pour cent sur la totalité des travaux de cette nature.

Il est bien entendu que, s'il n'avait été fait aucune convention, l'or devra toujours être considéré comme étant à 80 francs les mille feuilles; s'il en était autrement, la réduction serait de même de 25 pour cent.

Pour la tenture, si, à quelques fils près, le nombre était au-dessous de ceux indiqués pages 81 et 82, il sera fait une retenue de 25 pour cent sur les toiles fournies.

Pour la vitrerie, s'il était reconnu que le verre ne fût pas de la qualité et du choix convenus, ou qu'il ne provînt pas de la verrerie indiquée sur l'échantillon signé par l'entrepreneur, ce dernier devrait subir un rabais de 25 pour cent sur la totalité des travaux de vitrerie; et, si aucune convention n'a été arrêtée, l'entrepreneur devra indiquer, sur son mémoire, de quelle qualité et de quelle fabrique provient le verre fourni par lui ; dans le cas contraire, il serait censé avoir employé du verre blanc de deuxième choix, et, s'il était constaté qu'il en eût fourni d'une qualité inférieure à celle annoncée, il serait également passible d'une retenue de 25 pour cent, à moins qu'il n'y eût qu'un petit nombre de verres, ce qui indiquerait une simple erreur.

Il est bien entendu que tous les frais d'analyse chimique, d'essais, d'expertises, ainsi que de tous les raccords qui pourraient en résulter, seraient à la charge de qui de droit, et, comme il faut une fin en toute chose, nous estimons que, six mois après la remise du mémoire, il devrait y avoir prescription contre toutes recherches et attaques envers l'entrepreneur.

DU RÈGLEMENT DES PETITS TRAVAUX.

Il est à regretter que, dans les règlements des mémoires, on supprime avec trop de facilité les choses dont les demandes ne paraissent pas claires ; car souvent il résulte de ces suppressions de grandes difficultés ; il ne l'est pas moins que, dans ces mêmes règlements, on ne fasse pas de différence entre le prix des petits travaux et celui des grands : nous comprenons bien qu'il y a quelque difficulté à établir ces différences, et que le travail qui en résulte entraîne quelque complication dans la comptabilité ; mais généralement il y aurait justice à y avoir égard ; car, pour l'exécution des petits travaux, il y a des pertes de temps considérables qui dépassent presque toujours les bénéfices, ce qui explique suffisamment la gêne qu'éprouvent en général les petites industries. Pour exprimer notre opinion à ce sujet, nous estimons que les travaux dont le chiffre ne s'élèverait qu'à 50 francs environ devraient être payés 20 pour cent en plus, que, de 50 à 100 francs environ, ils devraient l'être de 15 pour cent en plus, que, de 100 à 200 francs environ, ils devraient l'être de 10 pour cent en plus, et que, de 200 à 500 francs environ, ils devraient l'être seulement de 5 pour cent en plus.

Nous disons *environ*, parce que, pour l'exécution des petits travaux, il y a deux cas, l'un quand ils n'ont causé qu'un déplacement, l'autre lorsqu'ils en ont causé plusieurs : dans le premier cas, l'entrepreneur a eu moins de faux frais que dans le second ; aussi la plus-value à accorder pour cent (dans l'un et dans l'autre de ces deux cas) doit-elle être en dedans ou en dehors des sommes que nous indiquons, et ce en raison des plus ou moins grands déplacements qui ont pu avoir lieu (1).

DU MODE DE PAYEMENT.

Il serait à désirer que l'on fût mieux éclairé sur les légers bénéfices que laisse à l'entrepreneur la bonne et loyale exécution des travaux qui lui sont confiés ; car, en connaissant sa véritable position, on ferait généralement les plus grands efforts pour lui fixer des époques de payements, sur lesquelles il pourrait compter ; il en résulterait pour lui un avantage réel, puisqu'on lui épargnerait par là les sacrifices énormes d'escompte qu'il est souvent obligé de s'imposer quand il faut qu'il se procure du comptant pour solder ses fournisseurs et payer ses ouvriers.

En établissant les prix des divers tarifs que nous publions, il était tout naturel de tenir compte du mode de payement.

A cet effet, nous avons pris pour base des travaux dont la durée serait d'environ trois mois, et un an de crédit à dater du jour de leur achèvement. Il est bien entendu que, si les travaux étaient payés comptant, il devrait être fait un rabais proportionné à l'époque plus ou moins rapprochée du payement.

En général, les commerçants sont, sous ce rapport, dans une bien meilleure position que l'entrepreneur. Tout le monde sait qu'il y a différents usages dans le commerce, et divers modes de transac-

(1) Il est des circonstances où ces plus-values sont bien inférieures à celles qui devraient être allouées.

tion : or les tribunaux y ont égard pour indemniser le marchand des retards qu'on lui fait éprouver dans le solde de sa facture; il lui est alloué des intérêts, et ces intérêts courent du jour même fixé par ces usages. Il n'en est pas ainsi dans le bâtiment; l'entrepreneur ne peut devenir privilégié que par voie juridique, ce à quoi il a toujours peine à se déterminer, en raison souvent d'anciens rapports de confiance et d'estime auxquels il n'est pas si indifférent qu'on pourrait le supposer: s'il en vient donc à ce qu'il regarde comme la dernière extrémité, les intérêts qui lui sont alloués ne courent que du jour de sa demande judiciaire, les travaux remonteraient-ils à de longues années. Cependant il n'y a pas de différence des commerçants aux entrepreneurs, car ces derniers avancent non-seulement leurs marchandises, mais encore leur temps et le salaire de leurs ouvriers, qui, comme chacun le sait, sont toujours payés comptant.

VARIATION DES PRIX.

Nous nous contenterons de dire que, depuis plus de trente ans, les prix de peinture ont toujours diminué, et que, généralement, il n'a jamais été tenu compte de la variation du prix des matières premières pour établir les règlements de mémoires; et en effet, comment n'en serait-il pas ainsi, puisqu'il arrive très-souvent que les entrepreneurs ne remettent leur mémoire qu'à la fin de chaque année, et que, si de larges à-compte leur ont été donnés, le règlement n'a lieu souvent que l'année suivante, et même quelquefois plusieurs années après : voilà ce qui rend très-difficiles, non-seulement l'appréciation des travaux, mais encore les recherches sur les mercuriales de l'époque où ils ont été exécutés; recherches dont nous n'avons jamais eu connaissance, si toutefois elles ont été faites : dans tous les cas, elles auraient été sans importance pour la peinture comme pour la dorure, la tenture et la vitrerie.

Les entrepreneurs sont tellement d'accord que la faible variation des prix de quelques matières premières n'exerce aucune influence sur les engagements à contracter d'avance, qu'ils n'hésitent pas à accepter des soumissions de travaux qui ne doivent souvent être exécutés que quatre ou cinq ans plus tard ; on en a la preuve dans les travaux mis en adjudication par les administrations publiques, et sur les prix desquels on fait souvent des rabais considérables.

Il n'est pas, pour cela, dans notre pensée de croire que les prix d'aucun tarif ne puissent jamais varier; nous supposons, au contraire, qu'il serait possible que des circonstances imprévues nécessitassent d'y apporter des modifications; d'ailleurs, nous espérons que la plupart de nos confrères apprécieront nos efforts, et viendront à notre aide pour compléter un travail dont le besoin est aussi vivement senti par eux que par nous.

DE LA PERPÉTUITÉ DES ABUS SOUS L'APPARENT PATRONAGE DU CONSEIL DES BATIMENTS CIVILS.

Dans notre Avertissement, nous avons appelé l'attention sur les funestes abus de la concurrence, et ces abus, malheureusement, tendent à se perpétuer sous le patronage apparent que semble leur accorder le conseil des bâtiments civils, qui paraît avoir donné son assentiment à l'ouvrage publié par M. Morel, vérificateur, sous le titre de : SUPPLÉMENT AUX PRIX DE BASE ET DE RÈGLEMENT DES TRAVAUX DE BATIMENT, CONFORME A CEUX ADOPTÉS EN 1840 PAR LE CONSEIL DES BATIMENTS CIVILS. Mais cet ouvrage, dont le titre seul inspire la plus grande confiance, n'est rempli que d'erreurs (pour la Peinture, la Dorure, la Tenture et la Vitrerie) : nous n'hésitons pas à en signaler quelques-unes des plus graves.

A la page 3 de cet ouvrage, on lit : *Céruse en pierre de Clichy*, n° 2. Cela est inexact. On ne fabrique point à Clichy deux qualités de céruse; celle dite n° 2 n'existe dans le commerce qu'en falsification par l'introduction de matières de nulle valeur en plus ou moins grande quantité, et ce en raison des bénéfices plus ou moins considérables que l'on veut obtenir.

Nous disons *que l'on veut obtenir*, puisque des donneurs de renseignements sont parvenus à faire autoriser la fraude d'une manière officielle par le conseil des bâtiments civils, en surprenant la bonne foi de ses membres qui, sur de fausses indications, ont admis, pour les travaux, une céruse falsifiée, sans indiquer le prix des peintures qui seraient faites avec cette matière hétérogène.

A cette même page 3 et suivantes, il est aussi indiqué, pour la peinture, des noms et des numéros de diverses matières, dont les unes n'existent dans le commerce qu'en falsification, et quelques autres n'y sont pas même connues; sans entrer dans aucun détail sur le prix de ces matières, nous dirons seulement qu'il y a des différences de 5 fr. à 200 fr. pour cent aussi bien au-dessous qu'au-dessus de leur valeur réelle, même pour celles qui n'ont jamais varié de prix que pour diminuer.

Les renseignements sur la dorure n'ont pas été donnés avec plus d'exactitude, car les prix qui sont indiqués à la page 13 de l'ouvrage précité ne sont pas en raison des apprêts que l'on fait pour recevoir l'or, mais bien en raison de la dénomination qui a été adoptée (dénomination de dorure en travaux neufs et de dorure à l'entretien).

La dénomination de *Dorure en travaux neufs* fait supposer que la dorure sera faite sur des objets neufs, et que les apprêts en seront parfaitement faits; mais ces apprêts peuvent varier considérablement dans leur exécution et produire de très-grandes différences dans le prix de la dorure.

La dénomination de *Dorure à l'entretien* fait supposer que la dorure sera faite en raccord et sur d'anciens apprêts; mais il peut également exister des différences énormes dans les prix en raison de l'état plus ou moins bien conservé des anciens fonds.

Nous renvoyons à nos observations sur la dorure, pages 61 à 65, où nous expliquons suffisamment de quelle manière on fait généralement la dorure, tant en travaux neufs qu'en raccords ou en raccordements.

A la page 13 de l'ouvrage de M. Morel, il est dit que le réparage ordinaire sur parties sculptées est toujours compris avec la dorure, et ce réparage, quand on le fait, coûte environ 35 fr. le mètre superficiel : nous disons *quand on le fait,* car il arrive le plus souvent que l'on dore la sculpture et les ornements sans les réparer, mais en les ponçant seulement.

Si la religion du conseil des bâtiments civils a été surprise relativement à la fabrication et à la qualité des céruses, ainsi que sur la majeure partie des prix de matières que l'on emploie pour la peinture, et s'il a été mal renseigné pour la dorure, il n'a pas été mieux éclairé sur la vitrerie.

Les dispositions de première, de deuxième et de troisième classe, adoptées pour établir le prix du verre, et indiquées pages 14 et 15 du même ouvrage, ne sont nullement en harmonie avec la manière dont les verreries vendent leurs produits, notamment depuis l'introduction du système décimal; pour renseignements positifs à cet égard, nous renvoyons à nos observations sur la vitrerie, page 84 et suiv., ainsi qu'à nos tableaux de verres hors mesures, pages 90 et 91, où nous indiquons, de la manière la plus exacte, quels sont les verres qui peuvent se vendre au mètre superficiel, et quels sont ceux qui ne peuvent jamais se vendre qu'à la pièce, à moins d'avoir autant de prix de mètre superficiel qu'il se fabrique de dimensions de feuilles de verre différentes (1). Il résulte donc qu'en adoptant ce système de classification pour établir le prix des feuilles de verre hors mesures on tombe dans des contradictions incroyables. Nous ferons remarquer, page 15 du même ouvrage, que, d'après les prix de règlement alloués pour le verre simple (de la deuxième classe), l'entrepreneur peut avoir de 6 à 100 pour cent pour ses bénéfices et ses faux frais, et ce en raison de la dimension des feuilles.

Page 6 du même ouvrage, il n'existe pas moins d'erreurs et de contradictions qu'à la page 15 : le prix de base est indiqué comme étant le même pour les verres d'Anzin et pour le verre de Bagneaux. Cependant ces deux verreries fabriquent des verres de qualités différentes ; l'une (Anzin) ne fa-

---

(1) Il y a des verreries qui fabriquent jusqu'à 500 dimensions différentes dans les verres hors mesures.

brique que du verre demi-blanc, l'autre (Bagneaux) ne fabrique que du verre blanc (1); et, par cette raison, l'une vend ses produits beaucoup meilleur marché que l'autre.

Ces mêmes prix de base portent à 35 pour cent en plus le verre étendu sur la lagre, lorsque toutes les verreries qui en fabriquent ne le vendent que 10 pour cent plus cher que le premier choix, aussi bien en verre blanc qu'en verre demi-blanc.

A cette page 6, une troisième classe est désignée dans le verre de Prémontré : ici, comme pour la deuxième classe, les différences sont énormes; car, en procédant proportionnellement aux prix de règlement de la deuxième classe, l'entrepreneur peut avoir de 40 pour cent de bénéfice à 200 pour cent de perte.

Un peu plus bas, toujours à cette même page 6, on indique des prix de base pour du verre triple de Choisy-le-Roi ou de Prémontré, à 10 francs le mètre superficiel; ces verres se vendent généralement au kilogramme, et d'après le prix du mètre superficiel ils coûtent environ 100 pour cent plus cher que le prix de base ne l'indique.

Les mêmes erreurs et les mêmes contradictions existent pour le verre de couleur; car le verre rouge coûte environ 130 pour cent plus cher que le prix de base indiqué par l'ouvrage.

Le verre vert coûte environ 85 pour cent en plus que le prix prévu.

Le jaune coûte environ 5 pour cent en moins que l'ouvrage ne l'indique.

Le bleu et le violet coûtent environ 50 pour cent moins que le prix de base prévu.

A la page 14 du même ouvrage, le prix de règlement pour les panneaux en plomb et verre est porté à 9 fr. 50 c. le mètre superficiel, et ces panneaux, dans les ajustements les plus simples, ne valent, en général, pas moins de 50 pour cent plus cher que le prix prévu.

D'après ce rapide aperçu des contradictions manifestes et des erreurs graves qui viennent d'être signalées (dont il est facile d'obtenir la preuve), nous osons espérer que le conseil des bâtiments, dont les décisions font autorité, sentira la nécessité d'ordonner une enquête sévère, et qu'il en résultera, pour les propriétaires comme pour les entrepreneurs, quelques mesures propres à inspirer une sécurité dont ils ont été privés jusqu'à ce jour.

Puissent les mesures qui pourraient ressortir de cette enquête rendre chacun responsable de ses actes, et mettre fin à la position exceptionnelle et bizarre dans laquelle se trouve l'industrie du bâtiment; car l'entrepreneur connaît mieux que personne les frais de toute espèce que nécessite l'exploitation de son industrie, et pourtant ce n'est pas lui qui évalue le prix de ses travaux, mais bien, en quelque sorte, le propriétaire, qui, faute de bases positives, se trouve fort embarrassé lors du règlement des mémoires; et, si l'entrepreneur n'est pas satisfait de ces règlements, les réclamations qu'il lui adresse viennent renouveler son embarras; réclamations plus ou moins fondées, mais auxquelles, le plus souvent, il ne peut être opposé pour toute raison que la volonté de ne pas y faire droit.

NOTA. Au moment où nous envoyons à l'imprimerie la fin de nos notes, une nouvelle édition de l'ouvrage de M. Morel vient de paraître; nous y voyons, à regret, les mêmes erreurs se reproduire, à l'exception d'un seul changement, encore n'est-il pas heureux. Dans l'intention, sans doute, de remettre les choses à leur valeur, on a augmenté le prix du verre d'Anzin et de Bagneaux, sans faire de distinction entre ces verreries, dont les produits ne doivent pas être confondus, ainsi que nous l'avons fait observer plus haut, page 99. Il résulte de ce même prix pour les deux fabriques que, si le verre de Bagneaux est porté à sa valeur, celui d'Anzin est porté à un prix trop élevé.

_____

(1) La verrerie de Bagneaux livre ses produits à peu près aux mêmes prix que la verrerie de Prémontré livre les siens (plutôt plus cher que moins); elle fabrique des verres hors mesures dans les plus grandes dimensions.

Imprimerie BOUCHARD-HUZARD, rue de l'Éperon, 7.

RÈGLEMENT

A OBSERVER PAR LES OUVRIERS

DE LA

MAISON LECLAIRE,

rue Saint-George, 11, au coin de la rue de la Victoire, 28,

ci-devant rue Cassette, 8, à Paris.

AVERTISSEMENT.

A une époque où il n'est question que d'améliorations, où le Gouvernement oblige, par une loi, tous les chefs d'industrie à s'occuper de l'apprentissage des enfants ainsi que de leur éducation physique et morale, nous ne croyons pas déplacé de mettre à la fin de notre Recueil de Notes le RÈGLEMENT qu'observent strictement dans nos ateliers les ouvriers que nous employons. Nous osons espérer qu'on nous saura gré de cette publication, attendu que, depuis quelques années qu'il est affiché dans nos ateliers, divers entrepreneurs nous en ont demandé un exemplaire, dans le but d'en établir de conforme à leurs besoins.

L'heureuse influence que ce Règlement exerce sur l'ordre et la moralité des ouvriers attachés à notre Maison, et même sur ceux qui n'y travaillent que momentanément, nous a évidemment démontré que les excès de toute nature, tels que l'ivresse, les pertes de temps et les coalitions, seraient bien moins fréquents si, dans tous les ateliers, les ouvriers, amis de l'ordre et du travail, avaient un code de ce genre sous les yeux. Chacun d'eux résisterait avec plus de fermeté aux instigations de ces ambitieux désœuvrés, assez adroits pour se retirer les premiers du mauvais pas dans lequel ils sont parvenus à engager ceux qui n'en pouvaient prévoir les funestes conséquences; car, il faut bien le reconnaître, le désordre des masses n'est jamais le résultat de mauvaises intentions, mais bien celui de leur faiblesse, d'un faux amour-propre ou d'un intérêt mal entendu, que les désœuvrés exploitent avec tant de succès à la moindre occasion.

Nous ne craignons pas de dire que ces Règlements élèveraient la dignité des uns et des autres, établiraient des droits mutuels de stabilité, et, en resserrant les liens sociaux, disposeraient la génération au respect dû à la loi (1).

Nous pensons, en outre, qu'en aidant l'autorité à maintenir l'ordre, chacun de son côté, selon sa position, concourrait proportionnellement à ce que des essais d'amélioration d'une autre nature fussent tentés sur une grande échelle.

---

(1) Nous sommes d'autant plus fondé à exprimer notre opinion à cet égard, que des circonstances impérieuses nous ayant, pendant plusieurs années, éloigné de nos affaires, il n'en est résulté aucun désordre dans nos ateliers, aucun ralentissement dans les travaux, ni aucune réclamation, quoique le nombre de nos ouvriers ait varié, suivant la saison, de cent cinquante à deux cents. Cet heureux résultat ne doit être attribué qu'à l'exacte exécution de notre Règlement dont chacun a eu le bon esprit de se pénétrer.

UN MOT

A MM. LES OUVRIERS.

Dans toutes les professions, chacun doit tendre aux progrès de son industrie et à améliorer le sort des ouvriers.

Mais il n'y en a point dont on se soit le moins occupé que de celles qui se rattachent au bâtiment.

Aussi les travaux s'exécutent-ils en général sans aucune espèce de méthode, et les ouvriers n'étant attachés à leur patron par aucun lien, les intérêts des uns semblent toujours être opposés aux intérêts des autres.

Cependant la source première du bonheur commun des ouvriers et des entrepreneurs est dans la multiplicité des travaux, et toutes les causes qui peuvent en augmenter la masse sont autant d'éléments de bonheur pour les uns comme pour les autres.

Il n'y a qu'un seul moyen d'engager les propriétaires à faire souvent travailler, c'est de leur présenter de grands avantages sous le rapport du bon marché, d'une prompte et bonne exécution; encore bien qu'ils soient accablés de charges diverses, ils se décideront plus vite à ordonner des travaux, et ils en ordonneront davantage; car leur intérêt est de louer facilement leurs propriétés, ou de jouir agréablement de leurs habitations.

La concurrence est grande, dit-on, mais les besoins le sont encore davantage; ne soyons donc pas effrayés de la concurrence; c'est le plus beau présent qu'ait pu nous faire la liberté. Pénétrons-nous bien qu'elle sera le domaine de l'intelligence, quand cette dernière aura anéanti la fraude(1). Il faut prendre pour devise: bon marché, bien et vite; avec ces trois conditions indispensables, on peut augmenter considérablement le nombre des travaux et ne jamais être contraint par la concurrence à diminuer le salaire des travailleurs; il faut, pour obtenir ces résultats, que les entrepreneurs, ainsi que les ouvriers, soient pénétrés de leurs droits et de leurs devoirs réciproques; il faut, en outre, que le propriétaire soit à même, en tout temps, de juger si les travaux qu'on lui fait valent bien le prix qu'il les paye.

Si, généralement, les ouvriers ne peuvent se convaincre que leurs intérêts sont, en quelque sorte, les mêmes que ceux de leurs patrons; c'est qu'ils ne peuvent voir aucun résultat immédiat de leurs efforts, et que, n'étant pas liés ensemble, ils s'imaginent que la plus légère circonstance peut les séparer; la raison en est qu'ils ne se pénètrent pas assez de cette maxime: que la confiance ne se donne pas, mais qu'elle s'acquiert.

C'est pénétré de ces vérités que nous avons résolu d'adopter un système général d'administration qui nous permette de faire mouvoir facilement une grande quantité d'ouvriers qui ont le désir et le besoin de travailler assidûment.

Nous sommes certain alors, en continuant à nous entourer d'hommes intelligents et laborieux, de pouvoir entreprendre une grande quantité de travaux; car nous avons toujours pensé qu'il valait mieux, dans l'intérêt des uns et des autres, gagner, par exemple, 10,000 fr. en employant cent cinquante ouvriers, que d'en gagner 6,000 en employant une trentaine seulement.

Pour entretenir la bonne harmonie entre les ouvriers attachés à notre maison, nous les avons déterminés à former une Société de secours mutuels, dont les fonds proviennent des cotisations mensuelles, plus, des gratifications (2) que leur offrent quelquefois MM. les propriétaires sans qu'on les leur demande, ainsi que des 10 centimes par litre de vernis que les marchands de couleur sont dans l'usage de leur accorder (3).

L'expérience du passé est pour nous une garantie de l'avenir, et les résultats déjà obtenus par la méthode et l'ordre avec lesquels nous avons conduit jusqu'à ce jour les affaires dont nous avons été chargé sont la preuve que, si nous sommes bien compris par tout le monde, nous arriverons sans peine au but que nous nous sommes proposé d'atteindre.

---

(1) Quelle malheureuse influence la fraude n'exerce-t-elle pas sur le moral des hommes qui servent d'instrument pour l'exploiter?

(2) Nous avons rayé le mot *pourboire*, comme expression flétrissante pour des hommes d'ordre qui vivent de leur travail.

(3) Cette Société a été autorisée par M. le ministre de l'intérieur, le 28 septembre 1838, et enregistrée sous le n° 19.

RÈGLEMENT

A OBSERVER PAR LES OUVRIERS

DE LA

MAISON LECLAIRE,

à Paris, rue Saint-George, 11, au coin de la rue de la Victoire, 28

(ci-devant rue Cassette, 8).

◄◄◆►► ◄◄◆►►

A NOS OUVRIERS.

Nous croyons devoir profiter de l'occasion qui nous est offerte par la réimpression de notre Règlement, pour exprimer publiquement à nos ouvriers la satisfaction que nous a fait éprouver leur zèle à s'y conformer. Nous tenons, des personnes qui nous ont constamment investi de leur confiance, qu'elles n'ont eu qu'à se louer de l'empressement et de l'exactitude qu'ils ont mis à remplir leurs devoirs, et que nous ne pouvions pas être mieux représenté pendant notre éloignement des travaux. Nous espérons donc que de pareils résultats ne seront pas perdus, et que nos ouvriers comprendront plus que jamais que ce n'est ni l'état ni la position qui font estimer l'homme, mais bien la manière dont il se conduit.

AVIS.

Les articles qui suivent concernent indistinctement toutes les personnes que nous faisons travailler. Depuis le premier employé jusqu'aux ouvriers aux pièces, chacun doit suppléer, par son intelligence, aux oublis que nous aurions pu faire, et doit agir de son mieux pour arriver au meilleur résultat.

S'il se commet des fautes, ou qu'il arrive quelques accidents, on ne doit rien cacher; nous sommes convaincu qu'aucune fausse manœuvre n'est faite exprès; nous désirons tout savoir, afin de pouvoir saisir le mal à son origine, et le réparer (1).

Les améliorations que nous avons apportées dans le travail de nos ouvriers, ainsi que nos intentions bien manifestes de les leur continuer, nous font espérer qu'une vive émulation s'emparera de tous, et que chacun répondra à nos avances par des faits.

La position que nous nous sommes faite dans les affaires nous porte à n'appeler à nous que des ouvriers intelligents et laborieux.

A nous donc les ouvriers paisibles qui comprennent que l'ordre, l'activité et la stabilité sont les sources du bonheur que procure le travail.

A nous donc enfin ceux qui comprennent que leur temps est leur marchandise, et qui rougiraient de recevoir un salaire qu'ils n'auraient pas gagné.

TITRE PREMIER.

Usages de la Maison.

ARTICLE PREMIER.

Tout ouvrier embauché pour travailler à la maison doit y dé-

---

(1) Quiconque ne convient pas de ses fautes donne le droit de supposer qu'il en commet souvent.

poser son livret; il devra être signé du dernier patron chez lequel il aura travaillé, et sa sortie visée par le commissaire de police, conformément à la loi; s'il n'en a pas, il lui sera délivré un certificat pour s'en procurer un, qu'il devra de même déposer entre les mains du patron.

ART. 2.

Le premier jour qu'un ouvrier est embauché, le chef a soin de lui donner connaissance du règlement; s'il ne consent pas à s'y conformer, le chef lui remettra, à la fin de la journée, un bon pour en toucher le montant au bureau. Lorsqu'il s'agira d'aller travailler à la campagne, il ne partira qu'après avoir consenti à se soumettre au règlement. Cette mesure n'a lieu que la première fois qu'on embauche des hommes pour la maison, attendu que ceux qui y ont déjà travaillé la connaissent, et sont considérés comme y ayant adhéré d'avance.

ART. 3.

Les travaux sont suspendus les principales fêtes de l'année, ainsi que les dimanches : ces jours étant consacrés au culte et au repos, personne n'est tenu de travailler; mais, lorsque le cas d'urgence s'en fait sentir, celui qui aura promis devra tenir parole, autrement il serait remercié, à moins que son absence ne soit causée par une maladie constatée par certificat de médecin. Cette manière d'agir peut paraître rigoureuse; mais les travaux du dimanche étant toujours d'urgence, le moindre retard peut causer les plus grands embarras.

Aucun emménagement ou déménagement d'atelier n'a lieu ce jour-là, excepté le cas d'urgence.

C'est donc à MM. les chefs à combiner leurs demandes en conséquence.

ART. 4.

La durée de la journée est de dix heures de travail et deux heures de repas dans l'été, à raison de 4 francs ; en hiver, la journée est de huit heures de travail et une heure de repos, à raison de 3 fr. Toutes les heures faites en plus ou en moins de la journée seront payées ou déduites à raison de 50 centimes. Pour les broyeurs et les apprentis, dont les journées seraient de 3 fr. 50 cent. et au-dessous, les heures faites en plus ou en moins de la journée seront payées ou déduites à raison de 25 centimes (1).

Art. 5.

Les nuits passées à travailler seront payées 6 francs et seront de huit heures de travail , une heure de repos comprise ; chacun se munira des vivres nécessaires, le propriétaire ne devant nourrir aucun ouvrier.

Art. 6.

La paye se fait tous les quinze jours; tous les vendredis, veille de paye, le chef d'atelier devant s'assurer du nombre des journées , chacun tiendra son compte prêt, pour répondre à la demande qui lui sera faite :

Tant de journées , compris celle de demain.

Tant de faux frais.

Chaque homme remettra sa note de faux frais, tout additionnée, et la signera; elle devra toujours être écrite lisiblement et à l'encre.

Il en sera de même pour les hommes qui n'auraient pas d'atelier fixe , tels que vitriers, frotteurs, décorateurs et colleurs ; mais ils donneront leur déclaration le vendredi matin au bureau , en ve-nant à l'ordre.

Art. 7.

Lorsqu'un ou plusieurs ouvriers voudront quitter la maison pour aller travailler ailleurs , ou pour toute autre cause , ils de-vront prévenir plusieurs jours d'avance, et, le soir du jour de leur départ, leur argent leur sera remis ; s'ils ne remplissent pas cette formalité , ils ne pourront recevoir qu'au moment de la paye le montant de leurs journées.

Art. 8.

Lorsqu'un ouvrier se sera mis dans le cas de se faire appliquer un des articles du règlement , il aura la faculté de réclamer, par écrit et dans les termes convenables , contre la sévérité de cette application, et, s'il est reconnu qu'il y ait eu erreur ou fausse inter-prétation, il lui sera rendu justice; mais il n'en doit point tirer va-nité ni se livrer à des fanfaronnades à l'égard du chef, le patron ne voulant pas qu'un acte d'équité de sa part soit pris pour un acte de faiblesse; si l'ouvrier abusait de sa réintégration pour se li-vrer à quelques propos , il s'exposerait à encourir une mesure de rigueur qui serait alors définitive.

On ne remercie d'ordinaire l'ouvrier qu'au moment même où ses services deviennent inutiles , ce qui expose souvent un père de famille à une perte réelle, le temps lui manquant pour se pour-voir d'ouvrage ailleurs ; le patron trouve plus juste de le prévenir quelques jours d'avance, à moins que des circonstances imprévues l'en empêchent.

Si l'ouvrier prévenu abusait de cette marque de confiance en ne se conduisant pas aussi régulièrement que par le passé, il serait remercié immédiatement.

Seront également remerciés sans délai les incapables et les pa-resseux qui se seraient fait embaucher comme sachant leur métier.

Art. 9.

Dans aucun cas , le chef d'atelier ne doit déroger au règle-ment ; la justice en tout et pour tout : le patron seul a le droit d'user de tolérance ; mais elle ne peut jamais être exercée direc-tement par aucun chef, et personne ne doit en prendre acte comme d'un antécédent sur lequel on pourrait compter.

Art. 10.

Il est des circonstances où les travaux sont désagréables à faire, d'autres qui , par suite de l'activité qu'il faut y apporter , obligent de changer souvent d'atelier ; il est, en outre, des cas où il n'est pas toujours possible que les ouvriers achèvent le travail qu'ils ont commencé; il en est d'autres encore où il faut aller à la cam-pagne passer une journée seulement ; comme tous ces faits sont indépendants de la volonté du patron, et qu'ils lui sont toujours très-onéreux , chacun doit s'y prêter de bonne grâce , sans prétendre pour cela à une augmentation du prix de la journée , à moins que des heures en plus ne soient employées au travail.

L'ouvrier qui ne se prêterait pas volontiers à ces inconvénients serait regardé , non-seulement comme peu complaisant , mais il donnerait le droit de douter de sa capacité ; car nous avons re-marqué que les ouvriers les moins capables ne sont pas ceux qui se donnent le moins d'importance , et qui se conforment le plus volontiers aux circonstances qu'on ne peut maîtriser.

Lorsque le patron fait choix d'un ouvrier pour faire un travail plus ou moins agréable , le premier soin de ce dernier est de le conduire à bonne fin , ne voir dans ce choix qu'une marque de confiance , et ne pas supposer que le patron le juge incapable de faire mieux ; mais, s'il lui restait quelque doute à cet égard , il doit , en termes convenables , demander des explications qui ne lui seront jamais refusées (1).

TITRE II.

Conditions à observer dans le travail.

Art. 11.

Dès qu'on sera entré dans l'atelier, soit le matin pour commencer la journée , soit après le repas pour la continuer, on ne pourra plus sortir, ni pour boire la goutte , ni pour ce que l'on appelle faire un raccord (2).

Il est de même expressément défendu de fumer dans l'atelier, sous quelque prétexte que ce soit (3).

Il est défendu de faire monter personne dans l'atelier où l'on

---

(1) Cette manière d'agir est bien préférable à celle de perdre sottement sa journée en abandonnant son travail, comme le font ces hommes sans pa-role , sans principes, et qui ne rougissent pas de manquer grossièrement à toutes les convenances.

(2) *Faire un raccord,* dans ce cas, c'est aller boire un verre de vin de temps à autre dans le courant de la journée.

(3) Le patron a remarqué avec plaisir que non-seulement la pipe avait disparu des ateliers, mais aussi que la chique devenait de plus en plus rare; il a vu aussi avec satisfaction que les chansons bruyantes ou obscènes ne se font plus entendre dans les ateliers ; de plus, qu'aux heures des repas, si l'on se réunit sur la voie publique, ce n'est pas pour se permettre de mauvaises plaisanteries envers les passants ni de vexations à l'égard des faibles.

Il a remarqué aussi que ses ouvriers ont compris que les amis sont plus rares que le mot ; que les entretiens dégoûtants qui résultent d'une trop grande familiarité n'avaient pas lieu dans ses ateliers, et qu'il était plus con-venable de s'entretenir de choses sérieuses et instructives que d'être à *tu et à toi*, pour se dire, sous forme de plaisanteries , ce qui n'est souvent que des injures.

Il a remarqué , de plus , que la présence des personnes qui visitent quel-quefois les ateliers leur imposait le respect et qu'ils se conduisaient , en pa-reille occasion , comme des hommes qui savent vivre.

---

(1) Deux repas sont nécessaires , dans douze heures , pour des hommes qui emploient consciencieusement leur temps au travail.

travaille, soit pour se faire demander, soit par curiosité, ou pour tout autre motif.

Sous aucun prétexte et pour quoi que ce soit, un ouvrier n'a le droit de se servir du nom du patron ni de celui du chef pour s'introduire dans un atelier, pas plus le dimanche qu'un jour de fête, ni même dans la semaine, en l'absence des ouvriers, à moins qu'il ne soit muni d'un mot du patron, signé et daté du jour même qu'il se présente, et encore doit-il rendre compte au concierge du motif de sa démarche.

Assez ordinairement les ouvriers soigneux ont l'habitude d'enfermer leurs effets dans des armoires ou des cabinets dont ils emportent les clefs ; cela ne doit point se faire dans nos ateliers, attendu qu'il y a toujours un endroit fermé pour servir de magasin ; c'est là qu'ils doivent les déposer, ou au moins les clefs étiquetées des armoires ou cabinets dans lesquels ils auraient serré ce qui leur est personnel.

Si le chef, en s'absentant de l'atelier, croit devoir fermer les portes de quelques pièces dans la crainte de dégâts à ses peintures, il doit en prévenir le concierge en lui en remettant les clefs ; il le préviendra, en outre, de la précaution qu'il aura toujours en quittant l'atelier d'en fermer les croisées ou au moins les persiennes, pour prévenir tout dégât qu'occasionnerait le vent ou la pluie.

En remettant au concierge la clef du magasin, il doit lui recommander de n'y laisser entrer personne sans l'y accompagner, et dans le cas seulement où quelqu'un y aurait momentanément besoin, puis de reprendre la clef ensuite.

Si le chef hésitait, pour quelque motif, à confier la clef du magasin, il en préviendrait le patron, qui prendra des mesures en conséquence (1).

Lorsqu'il y a nécessité de faire des travaux dans des localités garnies d'objets quelconques, les ouvriers doivent être les premiers à inviter les personnes à les serrer, ou à y mettre un surveillant pendant la durée momentanée des travaux, afin que leur responsabilité soit pleinement à couvert, si, pendant leur absence, quelque chose vient à manquer (2).

Quiconque fera quelques bavardages sera fortement réprimandé (3).

Art. 12.

S'il arrive qu'un ouvrier se trouve en retard le matin, ou à l'heure du repas, il aura la complaisance de passer, le soir du jour même, au bureau, ou de faire remettre, par un camarade qui demeure dans le quartier, un mot de lui, par lequel il déclarera le temps qu'il aura perdu ; dans le cas contraire, il lui en sera fait reproche.

Art. 13.

Si un ouvrier a besoin de s'absenter de l'atelier pour une cause quelconque ou par suite d'une indisposition, il devra prévenir, au bureau, de sa disparition, et, à sa rentrée, venir à l'ordre pour s'assurer de l'atelier qui lui est destiné ; dans le cas où il ne remplirait pas la première condition, il sera considéré comme démissionnaire, et remplacé s'il y a lieu (4).

(1) Comme cet article a pour but de prévenir tout désagrément qui pourrait résulter du défaut de surveillance, il est du devoir du chef d'en donner connaissance au concierge de la maison.

(2) L'honneur d'un ouvrier étant toute sa fortune, il ne pourrait trop se mettre en garde contre tout ce qui pourrait y porter atteinte.

(3) La flatterie est une mauvaise recommandation auprès du patron, persuadé qu'il est qu'elle décourage les hommes les mieux intentionnés, et que le flatteur n'est pas toujours le plus zélé ni le plus capable.

(4) Cette formalité n'est pas une exigence, mais bien une réciprocité d'égards que se doivent des hommes civilisés.

Art. 14.

Si un ouvrier, par un motif de fraude, réclame le salaire d'une portion de temps qui ne lui est pas due, son nom et la cause de son renvoi seront mis au tableau des ordres du jour, et son livret ne lui sera rendu que sur l'avis du commissaire de police.

MM. les chefs et sous-chefs sont priés d'exercer la plus grande surveillance sur l'exécution du présent article.

Art. 15.

Dans aucun cas, nul ouvrier ne viendra à l'ordre sans qu'il n'y soit envoyé par son chef d'atelier, à moins qu'il ne soit à travailler seul, et encore dans le cas où il aurait nécessairement besoin d'y venir, ou que son travail serait achevé.

Art. 16.

Tout ouvrier en corvée (1), et qui sera dans le cas d'avoir un ou deux hommes sous ses ordres, est considéré comme chef honoraire, et ne recevra aucune haute paye comme chef pour cela. Néanmoins, la direction des travaux lui étant confiée, sa responsabilité sera la même que celle des chefs et sous-chefs ; il sera soumis comme eux au règlement qui leur est particulier.

S'il arrivait que le patron fût trois jours sans paraître dans l'atelier ou dans les corvées, le chef passera au bureau le soir du troisième jour, pour lui rendre compte de l'état des choses.

Art. 17.

Lorsque des ouvriers seront envoyés en corvée, ils devront consulter les articles 40 et 41 du *Règlement des chefs*, et s'y conformer en tous points, ainsi qu'aux art. 65 et 66.

Art. 18.

Lorsqu'un travail quelconque sera suspendu, l'ordre et la feuille d'atelier seront remis au bureau, en indiquant, par écrit *signé*, la cause de cette suspension ; et, quand le moment sera venu de continuer ou de finir, l'ouvrier qui aura commencé viendra au bureau reprendre la feuille et l'ordre pour remplir ce devoir ; toutefois, en quittant l'atelier où il travaillait momentanément, il aura la précaution d'avertir le chef de sa disparition.

TITRE III.

Répartition du travail, et avantages accordés aux ouvriers de la Maison.

Art. 19.

Si, dans l'hiver, il arrivait que les travaux ne fussent pas assez considérables pour occuper tout le monde, on travaillera par brigade, c'est-à-dire que, sur soixante hommes que l'on pourrait considérer comme noyau, trente seulement se reposeront quinze jours, et travailleront les quinze jours suivants, pendant lesquels les trente autres se reposeront à leur tour, et alternativement. Par ce moyen, l'hiver pourra se passer en perdant un mois environ. Néanmoins les chefs d'atelier resteront à leur poste pour que la direction des travaux n'en souffre point.

Art. 20.

Les droits d'ancienneté seront toujours respectés; mais, si parmi

(1) On entend, par *corvée*, travail de peu de durée, et qui paraît moins agréable à faire.

les nouveaux venus il se trouvait des ouvriers dont l'intelligence permit de faire des chefs, ils seraient adoptés et prendraient leur rang (1).

ART. 21.

Les enfants des chefs et des ouvriers de la maison y sont admis comme apprentis, de préférence aux étrangers, pourvu qu'ils sachent lire et écrire. Aucun engagement n'est pris avec les parents pour déterminer le temps d'apprentissage ; ils sont rétribués en raison de leur conduite, de leur aptitude au travail et selon les conventions verbales débattues et consenties par les parents; ceux-ci seront toujours libres de les retirer quand bon leur semblera, en se conformant toutefois à l'article 7 du règlement, et sans, pour cela, avoir à craindre de démériter de la confiance du patron, s'ils continuent d'en être dignes.

ART. 22.

S'il arrivait que quelques ouvriers eussent besoin d'avances dans le courant de l'hiver, ils pourront en faire la demande; elles leur seront accordées jusqu'à concurrence de 50 francs; mais il faudra, pour jouir de cet avantage, avoir mené une conduite régulière, et avoir travaillé au moins deux campagnes à la maison. On rendra cette somme, à raison de 5 francs par chaque paye, dans le courant de l'été, dès que les journées seront à 3 francs 50 cent., de manière à être entièrement libéré avant l'hiver.

Tout ouvrier *gagnant la journée*, qui aura travaillé au moins deux campagnes à la maison, qui se sera conformé au règlement et qui aura donné des preuves de bonne conduite, de capacité et d'assiduité au travail, aura acquis des droits, soit comme chef, soit comme ouvrier, à une haute paye de 25 *centimes à un franc*, en sus de la journée (2).

Cette gratification ne pouvant être obtenue qu'en raison des efforts de chacun, le patron ne prend aucun engagement envers personne; mais il ne la cesserait qu'autant qu'il serait dans l'impossibilité de la continuer, ce qui n'aurait lieu qu'à son grand regret.

TITRE IV,

CAMPAGNE.

De la comptabilité et des conditions à observer.

ART. 23.

Tous les articles des différents règlements de Paris doivent être de même observés à la campagne; lorsqu'il y sera envoyé des ou-

---

(1) Quand un ouvrier a épuisé ses forces au travail, quelquefois pendant longues années, dans la même maison, le déplorable et habituel usage est de le remercier. Ne serait-il pas plus juste et plus humain de continuer à l'employer en le rétribuant selon sa capacité? Mais, d'un côté, le faux amour-propre, de l'autre la crainte d'un refus, retiennent presque toujours le patron et l'ouvrier; aucun des deux ne se décident à faire la première avance; il en résulte, de la situation gênée où ils se trouvent l'un et l'autre, de fréquentes discussions, qui amènent plus ou moins promptement une rupture, lorsqu'un nouvel arrangement aurait pu avoir lieu à la satisfaction commune, si l'on s'était expliqué.

(2) Cette haute paye n'étant pas exclusivement accordée au zèle, elle doit être principalement considérée comme un encouragement à l'ordre, dont elle devient la récompense; il serait donc très-agréable au patron, lorsque le chef ou l'ouvrier aura fait valoir ses droits, qu'on lui communiquât (*confidentiellement*) un livret de la caisse d'épargne contenant le dépôt d'une somme égale à celle que peut produire une quinzaine de la haute paye qu'il aura reçue.

vriers, soit en été, soit en hiver, le prix de la journée sera toujours fixé à 1 fr. de plus qu'à Paris, c'est-à-dire que, la journée d'hiver étant de 3 fr., celle de campagne sera payée 4 fr., et celle de 4 fr. sera payée 5 fr. Les heures faites en plus ou en moins seront payées ou déduites comme à Paris.

ART. 24.

Le chef est spécialement chargé de la comptabilité ; avec les sommes qu'il reçoit du patron, auquel il en donne reçu, il paye les ouvriers, en retirant d'eux récépissé des sommes qu'il leur délivre ; lorsqu'il en renvoie à Paris, il établit leur décompte, et leur donne un bon pour en toucher le montant au bureau; les sommes payées à Paris sur les bons du chef sont portées à son compte.

ART. 25.

Aucun ouvrier ne pourra faire toucher d'argent à Paris, par sa femme ou toute autre personne, que sur un bon de sa main, visé par le chef d'atelier de la campagne où il travaille.

ART. 26.

Les comptes de Paris devront être réglés avant le départ pour la campagne, à moins que l'on n'y aille travailler que pendant quelques jours; si l'on y travaille plus de douze jours, la journée de départ, comme la dernière journée des travaux, ne sera payée que comme journée de Paris, soit qu'elle ait été passée en voiture ou à travailler. S'il arrive que le voyage se soit fait de nuit, la première journée faite à la campagne n'en sera pas moins payée comme journée de Paris ; et, dans aucun cas, il ne sera jamais rien alloué pour passer la nuit en voiture.

ART. 27.

Les frais de voyage, pour aller et revenir, sont à la charge du patron ; mais si un ouvrier ne voulait pas rester à la campagne tout le temps de la durée des travaux, ou s'il se faisait renvoyer par inconduite ou toute autre cause, son retour à Paris ne lui sera pas payé (1).

Dans le cas de maladie constatée par le médecin de l'endroit, y joint l'avis du chef, son retour serait à la charge du patron.

TITRE V.

RÈGLEMENT DES CHEFS D'ATELIER.

De ce qui constitue le titre de chef.

ART. 28.

Tout ouvrier ayant un panier garni d'outils appartenant au patron, et recevant une haute paye quelconque, est reconnu chef ; il est responsable de tout ce qui lui est confié; cette responsabilité n'est pas seulement relative aux outils, elle a aussi pour objet l'exécution des travaux et la bonne tenue de l'atelier.

ART. 29.

A chaque chef ayant un panier, il sera toujours adjoint un sous-

---

(1) Le patron ayant l'habitude de se rendre le garant de ses ouvriers pour les avances de nourriture qui leur sont faites à la campagne, et n'ayant eu qu'à se louer de leur exactitude à remplir leurs engagements, il espère qu'il en sera de même que par le passé, et qu'ils continueront à emporter, à leur départ, des marques d'estime et de considération, tant de la part des personnes chez lesquelles ils auront travaillé que de celles des environs.

chef, qui prendra ses ordres pour la bonne administration des travaux ; en son absence , le sous-chef le remplacera en tout et pour tout.

Cette mesure est prise pour qu'il y ait toujours quelqu'un à la tête des travaux, et qu'ils n'éprouvent point d'interruption en cas d'absence du chef.

Dans l'atelier où sera le chef, l'adjoint ne devra jamais prendre aucune mesure sans consulter ce dernier, afin de ne pas se trouver en contradiction avec lui.

TITRE VI.

De la responsabilité des chefs, des ordres à donner et à recevoir.

Art. 30.

Le chef, en l'absence du patron, étant appelé à le remplacer, sa tenue doit être décente et même propre dans le travail; il doit donc se maintenir dans son rang sans en tirer vanité, autrement ce ne serait pas répondre à la confiance qui lui est accordée (1).

Il est chargé de la direction de l'atelier, personne n'est responsable que lui ; toutes les fautes des hommes sous ses ordres sont considérées comme ses fautes personnelles, soit qu'elles aient été faites par suite d'inconduite , de fausses manœuvres de leur part, ou de manque de respect envers qui que ce soit ; dans tous les cas, il doit sévir contre les contrevenants, quels qu'ils soient.

Le chef est responsable des outils perdus ou brisés, des marchandises gâchées, etc.

Art. 31.

Lorsque plusieurs chefs ou sous-chefs sont momentanément à travailler dans un atelier, ils doivent en seconder le chef en usant de leur influence sur les ouvriers, ne souffrir aucune perte de temps, ni fausses manœuvres qui échapperaient à la surveillance du chef principal ; dans le cas où il ne serait pas tenu compte de leurs observations, ils en appelleront au jugement du chef, qui prendra telles mesures qu'il jugera convenables suivant les circonstances.

Ils ne doivent pas oublier que le chef, étant seul responsable, a seul le droit d'agir, et que, se trouvant instantanément sous ses ordres, ils doivent, dans l'intérêt du patron et l'observance de leurs devoirs, mettre de côté ces petites et misérables rivalités indignes de tout homme qui sait se respecter (2).

Art. 32.

Tout ordre donné par le patron , et bien compris par le chef d'atelier, doit être exécuté scrupuleusement sans s'occuper des résultats ; dans le cas contraire , toutes les fautes qui pourraient s'ensuivre seront réparées aux frais de celui qui les aura commises.

---

(1) Tout homme qui parle ou agit avec orgueil excite plutôt la risée qu'il n'impose le respect.

(2) Ils ne passeront jamais pour mauvais camarades ni pour injustes en exigeant que journée payée soit journée gagnée.

Lorsque, dans un cas pressant , des ouvriers vont passer la journée dans un atelier où ils n'ont pas l'habitude d'être, nous avons vu avec satisfaction que MM. les chefs, en général, avaient la précaution de leur donner des travaux suivis et agréables à faire, non-seulement par politesse, mais encore pour prévenir les pertes de temps qu'entraînent les causeries qui souvent ont lieu par suite de la satisfaction qu'on éprouve de passer la journée ensemble; nous félicitons donc MM. les chefs d'avoir pressenti qu'il vaut mieux prévenir les fautes des hommes que de leur en laisser commettre.

Art. 33.

Chaque fois que le chef reçoit des ordres, soit du propriétaire , soit de l'architecte ou du patron, il doit, pour éviter toute fausse manœuvre, en faire part aux décorateurs, vitriers et autres que chaque nature d'ouvrages concerne s'ils sont sur les lieux, afin qu'ils puissent prendre leurs mesures pour la prompte exécution des travaux ; il doit se conformer en tous points à l'article 65.

Quiconque s'absente momentanément de l'atelier est tenu de remettre ses outils au chef, s'il veut que ce dernier en soit responsable. Dans toutes les circonstances, le chef doit prendre à cœur l'affaire qui lui est confiée, et la considérer comme s'il s'agissait de ses propres intérêts.

Art. 34.

Lorsqu'un propriétaire ou un architecte demande le patron, le chef doit lui faire la proposition de répondre pour lui, et lui faire entendre que l'heure à laquelle on le demande peut être prise pour un autre rendez-vous, et que cela pourrait retarder l'exécution des ordres qu'on désire donner ; insister toujours avec beaucoup de politesse, demander et répondre comme si c'était pour lui-même. Si on lui fait une question , il doit dire la vérité, rien autre chose. Quant aux essais d'échantillons, il doit y mettre toute la complaisance possible, en faire d'autant d'espèces qu'il lui en est demandé ; sa patience, à cet égard, doit être sans bornes, il ne doit reculer devant aucuns frais pour contenter les personnes : quand on lui demandera son opinion, il fera des observations en termes convenables, et évitera d'être importun ; il ne doit promettre que ce qu'il lui est possible de tenir. Pour l'achèvement des travaux, il vaut mieux être en avance d'un jour qu'en retard d'une heure.

Art. 35.

Le chef ne doit exécuter aucuns travaux que d'après les ordres du propriétaire , de l'architecte ou du patron ; si des locataires ou autres habitants de la maison désirent en faire exécuter, il doit se munir d'ordres écrits de leur part, afin que le payement en soit réclamé à qui de droit, si le propriétaire se refuse à les prendre pour son compte ; encore ne doit-il se mettre à l'œuvre qu'après en avoir prévenu le patron.

Art. 36.

Lorsque , dans un atelier en marche, l'architecte ou le propriétaire viennent visiter les travaux , le chef doit prendre note sur son livre des ordres nouveaux qui lui seraient donnés , à moins que ces messieurs ne préfèrent les écrire eux-mêmes.

Si l'un ou l'autre de ces messieurs, ou quelque personne de la maison , venaient demander à un ouvrier des renseignements relatifs aux travaux, celui-ci doit les prier de vouloir bien s'adresser au chef (1).

Art. 37.

Lorsqu'il sera apporté quelques changements à des travaux en cours d'exécution, et qu'il en résultera la disparition de tout ou partie des travaux déjà exécutés, le chef en préviendra immédiatement au bureau, afin de faire constater, par attachement,

---

(1) Cette mesure n'a pour but que de prévenir toute erreur, car nous ne supposons pas que dans nos ateliers il se trouve aucun ouvrier capable de répondre par de mauvaises plaisanteries aux personnes qui souvent n'en sont pas dupes, et couvriraient de leur mépris l'insolent qui se les serait permises.

2

les choses supprimées qui pourraient laisser quelque doute au moment de la vérification.

Il en agira, en outre, de cette sorte chaque fois qu'il exécutera des travaux préparatoires qui pourraient laisser quelque doute après la peinture faite, notamment pour les apprêts extraordinaires.

ART. 38.

Aucune demande d'hommes ou de marchandises ne doit être faite à un autre atelier que par écrit, et dans des cas extraordinaires, comme, par exemple, s'il était décidé, par urgence, de terminer, dans la journée, des travaux qui ne pourraient attendre au surlendemain, et pour lesquels on n'aurait pas eu le temps de s'entendre avec le patron. C'est au chef qu'il appartient d'apprécier une telle mesure ; car il n'ignore pas combien le déplacement d'hommes est dispendieux. Cependant, s'il s'agissait de finir un atelier quelconque et qu'il ne fallût déranger qu'un ou deux hommes de l'atelier le plus près, il ne faudrait point hésiter ; c'est à sa prévoyance et à son habileté à calculer les avantages qui pourraient en résulter.

TITRE VII.

Dispositions relatives à l'installation du chef et à son approvisionnement.

ART. 39.

Lorsque le chef prendra possession d'un atelier, il lui sera remis, par écrit, un ordre relatif aux travaux à exécuter : il les examinera jusque dans les plus petits détails ; il se pénétrera bien des articles de son règlement, et il se mettra en mesure pour s'approvisionner de marchandises et d'équipages de toute espèce dont il pourrait avoir besoin, afin de ne pas être obligé de renouveler trop souvent ses demandes, ce qui entraîne toujours une perte de temps considérable et apporte des retards dans les travaux.

ART. 40.

Au moment de son installation, le chef se fera donner par le commis du bureau une feuille d'atelier, sur laquelle seront enregistrées les journées des ouvriers de tout corps d'état, depuis le décorateur aux pièces jusqu'aux apprentis et le métreur.

Tous les lundis au soir, le chef d'atelier devra changer sa feuille contre une nouvelle, et, aussitôt l'atelier fini, il la remettra au bureau, ainsi que l'ordre relatif aux travaux, sur lequel, avant de le signer, il indiquera s'ils ont été métrés.

Au moment de son installation à l'endroit où il doit exécuter des travaux, le chef ne doit pas oublier de donner son nom au concierge, en le prévenant qu'il doit recevoir des lettres de son patron.

ART. 41.

En prenant possession d'un atelier, le chef doit examiner l'état des lieux, et faire reconnaître, par le propriétaire, l'architecte, ou une personne attachée à la maison, les dégâts existants, tels que cheminée cassée, carreaux de vitre, sonnettes en mauvais état, etc. (1).

Lorsqu'il se fait des travaux dans une maison habitée, le chef doit veiller avec le plus grand soin à ce qu'il ne se commette aucun dégât dans l'escalier ni dans aucune des pièces où l'on ne travaille pas et qu'on est obligé de traverser, comme aussi d'empêcher qu'on y fasse du gâchis, des malpropretés, non plus que dans la

(1) On accuse souvent les peintres de détruire, en travaillant, les mouvements de sonnettes. Ces accusations ne sont acceptées ni par nous, ni par nos ouvriers, qui prennent des précautions pour s'en garantir.

cour, en y répandant des ordures ou des eaux sales ; de veiller à ce qu'on ne se serve pas de seaux imprégnés de couleur pour tirer de l'eau du puits, et encore moins souffrir que la paresse fasse jeter, dans les lieux d'aisances, des eaux, des balayures et des débris qu'il faut déposer à la borne.

Lorsque, par accident, il sera cassé des carreaux ou qu'il sera fait quelque dégât que ce soit, le chef doit en faire part au patron, en faisant réparer les dégâts aux frais de ce dernier, et jamais au compte du propriétaire.

Il ne doit se servir d'aucun objet appartenant au propriétaire, et s'il lui arrivait d'avoir emprunté une échelle, une chaise, etc., il doit les rendre dans le même état qu'on les lui aura prêtées.

Si, dans le cours des travaux, il se trouvait des réparations à faire concernant les autres corps d'état, le chef devra en prévenir le propriétaire ou l'architecte, pour qu'il soit donné des ordres à qui de droit, afin que ces réparations soient faites à temps pour ne point interrompre la marche des travaux qui nous concernent.

ART. 42.

En quittant l'atelier, le chef aura soin de faire reconnaître, les clefs sur les portes, la grande propreté qui existe partout, non-seulement dans les pièces principales, mais encore dans les cuisines, sur les fourneaux, sur l'évier, jusque dans les cabinets d'aisances, le siége et la cuvette, même dans les pièces où l'on n'aurait pas travaillé, mais qui lui auraient servi de magasin, afin qu'après son départ, s'il se commettait quelque désordre, sa responsabilité fût à couvert.

Il ne laissera ni outil ni marchandise dans l'atelier achevé.

Il ne devra non plus rien prêter, soit outil, soit échelle, si ce n'est à des personnes qu'il saura être connues du patron, et encore ne devra-t-il le faire que sur un récépissé qu'il déposera au bureau.

ART. 43.

Quand le chef d'atelier a besoin de menues marchandises, il doit envoyer, le matin, à l'ordre celui des ouvriers qui demeure le plus près de la maison, ou à tour de rôle ; mais, lorsqu'il faudra lui envoyer la hotte ou la charrette, il devra se conformer à l'art. 65.

Règle générale. Le chef n'oubliera pas qu'il doit toujours avoir de la chaux à l'huile dans son atelier.

Lorsque les marchandises ou outils seront déchargés dans l'atelier, il aura soin d'examiner quels sont les outils ou marchandises qui lui sont inutiles ; il les renverra au magasin, et notamment les vieilles couleurs qu'il pourrait avoir de trop.

Il est important que le chef ne garde jamais d'outils pour un besoin dont l'époque n'est pas bien déterminée ; le patron blâme fortement cette manière d'agir, car elle devient très-onéreuse, en raison non-seulement de la grande quantité d'équipages qu'il faut avoir, mais encore pour le temps considérable que l'on perd par suite de la privation qu'éprouvent d'autres ateliers.

Il est inutile de dire que les outils qu'on renvoie à la maison doivent toujours être très-propres.

TITRE VIII.

Dispositions relatives au placement des hommes au travail, de la direction et de la méthode d'exécuter.

ART. 44.

Dans les cas qui vont suivre, le chef ne doit pas exécuter aveuglément les ordres écrits, de quelque part qu'ils lui viennent, sans y avoir préalablement réfléchi ; il doit, d'après les usages de la maison, appeler l'attention du propriétaire ou de l'architecte sur l'état des anciennes peintures, et faire remarquer en termes convenables, à ces messieurs, les économies qu'il serait possible d'apporter dans les travaux (surtout s'il s'agit de location), économies qui auraient pu échapper à leur attention et qu'il est de son devoir de leur signaler, elles sont assez majeures pour cela.

Par exemple, dans les appartements en location, que l'on peint à une couche seulement, on peut se dispenser, dans les pièces principales, de peindre les derrières des volets et caissons, ainsi que les intérieurs des portes d'armoires, où généralement un lessivage suffit pour raviver les couleurs.

Il en peut être de même dans les couloirs, les cabinets et autres pièces de peu d'importance, quelquefois aussi dans les cuisines, qui, souvent, n'ont besoin que d'être lessivées.

Les plinthes et les retours de cheminées en marbre peuvent encore n'être que lessivés, raccordés et revernis.

Quand on peint à deux couches les pièces principales, on peut, le plus souvent, n'en donner qu'une sur les derrières de volets et de caissons, ainsi que sur les intérieurs d'armoires et autres parties semblables.

Lorsque, dans une pièce quelconque, il y a d'anciens marbres ou d'anciens bois, il faut qu'ils soient en bien mauvais état pour qu'un lessivage, des raccords et un vernis ne suffisent pas pour leur rendre une fraîcheur satisfaisante.

Dans tous les endroits et sur les objets désignés ci-dessus, où il est possible d'éviter le travail et, par conséquent, de diminuer les frais, le chef ne devra jamais, lorsqu'il les repeindra, y tracer, ni faire deux tons qu'après s'en être entendu avec le propriétaire, l'architecte ou le patron.

Dans les pièces principales, et encore moins dans les pièces accessoires où on refait la peinture, le chef ne devra jamais filer de tables ni de moulures, sur les embrasements de portes, de croisées ou de lambris d'appui, qu'autant que l'ordre lui en sera expressément donné.

Dans les pièces de peu d'importance, telles que les cabinets et les couloirs, le chef n'y fera de plinthes en marbre qu'après en avoir demandé l'autorisation.

Si les personnes désirent conserver les peintures et n'ordonnent qu'un simple lessivage, le chef doit faire des échantillons de nettoyage et ne jamais employer d'eau seconde pour cela, elle altère toujours les couleurs que l'on veut conserver; la cendre et la terre à poêle sont préférables.

Lorsqu'il s'agit de peindre à deux couches des dehors de croisées, le premier soin du chef doit être de remarquer si toutes en ont réellement besoin de deux, car assez souvent celles exposées au nord s'altèrent moins que celles exposées au midi; c'est donc à lui de juger, d'après l'état de conservation de la peinture, s'il ne suffirait pas d'une seule couche, sauf à en donner deux au jet d'eau et à la pièce d'appui.

Pour les persiennes, les mêmes observations subsistent; car il arrive ordinairement que celles exposées au midi sont très-altérées d'une face, et exigent nécessairement deux couches, tandis qu'une seule peut souvent suffire sur la face non altérée.

Il y a une foule de circonstances où, après avoir donné une première couche dans le ton sur les parties altérées des peintures que l'on renouvelle, il suffit ensuite d'en donner une générale sur toute la surface.

Aucune des observations qui font l'objet du présent article ne doit être omise par le chef; en s'y conformant avec exactitude, il ne fait que répondre à la confiance que nous avons su inspirer et que nous tenons à cœur de conserver; d'ailleurs, en procédant ainsi, il n'y a pas seulement économie pour le propriétaire, mais encore avantage réel pour le patron, qui, pouvant

aller plus vite, est à même de contenter toutes les personnes qui comprennent qu'il ne suffit pas seulement de payer bon marché, mais encore d'éviter toutes dépenses inutiles.

Art. 45.

Le chef doit veiller, avant tout, à ce que les outils, notamment les cordages et les échelles, soient en parfait état de solidité; autrement, il est autorisé à les détruire et à en renvoyer les débris au magasin en en demandant le remplacement.

Lorsqu'il y aura des travaux à faire sur la voie publique, il aura la précaution de placer un homme au pied de l'échelle, pour prévenir tout accident; il ne fera, dans ce cas, que se conformer aux mesures prescrites par les ordonnances de police.

Il arrive parfois que l'accès des travaux est assez difficile pour que quelques ouvriers hésitent à les faire; le chef ne doit jamais les y contraindre, mais faire un appel aux hommes de bonne volonté, qu'il est toujours sûr de trouver parmi ses camarades.

Dans tous les cas, aucune précaution ne doit être omise; car on sait qu'il n'a jamais été dans l'esprit du patron d'épargner la dépense lorsqu'il s'agit de prévenir même le moindre accident, et qu'il blâme sévèrement les imprudences.

Art. 46.

Si, malgré les précautions prises, il arrivait un accident, et que, par suite de ses blessures, l'ouvrier restât plus de *treize* jours sans pouvoir travailler, le patron lui offrira une indemnité de 25 *francs;* si ses blessures le retenaient plus de *vingt-sept* jours, l'indemnité serait portée à 50 *francs.*

Pour avoir droit à cette indemnité, on devra avoir rempli les conditions suivantes :

1° Avoir déposé son livret en règle entre les mains du patron, lors de son embauchage;

2° Fournir une attestation, signée de ses camarades et visée par le chef d'atelier, que la blessure a été faite dans les heures de travail, et qu'elle n'est pas la suite de jeux ou d'ivresse;

3° Avoir travaillé une campagne à la maison.

Quant à cette dernière condition, le patron se réserve d'y apporter les modifications qu'exigeront les circonstances, mais qui ne peuvent jamais être qu'en faveur du blessé.

Art. 47.

Tout dissentiment entre camarades doit rester à la porte de l'atelier : le devoir du chef consiste à n'agir qu'avec la plus grande justice envers tous les hommes qui sont sous sa surveillance ; à n'avoir égard ni à la nation ni au pays de chacun, mais seulement à sa bonne conduite et à son aptitude au travail : il doit, en donnant ses ordres, ménager surtout l'amour - propre, inviter plutôt que de commander; le patron n'exigeant rien autre que l'accomplissement des devoirs réciproques et l'exacte exécution du règlement (1).

Toute injustice de la part du chef n'aboutit qu'à compromettre les intérêts du patron; c'est à l'homme juste à ne faire aux autres que ce qu'il voudrait qu'on lui fît.

Art. 48.

Le patron tient beaucoup à ce que les apprentis soient traités avec douceur et ménagement, et à ce qu'il ne leur soit fait aucune

---

(1) Le chef sait, par expérience, combien il est peu agréable de recevoir publiquement des ordres impérieux; il sait, en outre, que, au point de civilisation où nous sommes, ce n'est pas la crainte qui impose aux hommes le respect et l'obéissance, mais bien la raison.

de ces mauvaises charges qu'on se permet souvent dans certains ateliers ; car il est honteux , pour des hommes, d'abuser de la crédulité et de l'inexpérience : chaque chef est tenu de les considérer comme ses propres enfants, de ne souffrir de leur part aucun mauvais propos, de les encourager par des travaux variés, surtout de les récompenser par quelque chose d'agréable à faire, après les avoir occupés à des travaux sales et fatigants; autrement, ils se dégoûtent, deviennent flâneurs , désobéissants : tandis qu'en les traitant comme des hommes , en faisant la part de la jeunesse , on peut obtenir d'eux de grands résultats et, en même temps , leur rendre de grands services (1).

ART. 49.

Le premier soin du chef est d'éviter toute causerie qui pourrait le distraire de ses combinaisons administratives : elles sont assez compliquées pour exiger toute son attention sur l'ensemble des travaux ainsi que sur la meilleure marche à suivre pour leur exécution.

Il doit 1° administrer de manière à éviter toute fausse manœuvre et à ne pas laisser perdre une seule minute à son monde , soit en tenant ses teintes prêtes un jour ou deux d'avance , soit en prévoyant la place que doit occuper chaque ouvrier à mesure qu'il achève une besogne quelconque ;

2° Éviter de faire en premier des travaux qui doivent être faits en dernier , tels que les contre-marches d'escalier, qu'il ne faut faire qu'en passant le dessus des marches à l'encaustique ; les nettoyages de carreaux de vitre, qu'on ne doit faire qu'au moment de quitter l'atelier, etc. , etc.;

3° Ne pas oublier , pour économiser le temps, que les dehors de croisées doivent être peints avant d'achever les dedans, etc. , etc.

Enfin, un chef qui se pénètre bien de ses devoirs doit sentir l'importance de sa mission ; car , en tout, il remplace le patron : s'il n'est pas le premier sur la brèche à donner l'exemple de l'assiduité au travail, il ne peut prétendre à aucune influence sur les hommes qu'il est appelé à diriger.

Le chef n'ignore pas que, en l'absence du patron, les yeux sont fixés sur lui , qu'il est souvent le point de mire de la critique , et quelquefois aussi l'objet de la flatterie : il sait qu'il y a des ouvriers présomptueux qui, pour se donner un air d'importance , critiquent tout et sont incapables d'exécuter quelque chose de mieux que ce qu'ils blâment ; d'autres qui ont l'air de flatter le chef comme pour l'intéresser en leur faveur, lorsqu'ils n'ont d'autre but que d'employer une partie de leur journée en bavardages insignifiants et rire aux dépens de ceux qui les écoutent. Le chef ne saurait donc trop se mettre en garde contre les présomptueux, les bavards et les câlins, qui emploient souvent tous les moyens possibles pour le compromettre.

ART. 50.

Tous travaux commencés par un ouvrier doivent toujours être achevés par le même, cela est de la plus grande importance. C'est au chef à prendre ses mesures, autant que possible, pour ne jamais s'écarter de cette méthode ; aussi, il est indispensable de ne jamais reprendre un même travail à plusieurs fois. Par exemple, lorsque l'on fait les grattages, tout doit être fait sans désemparer, les lessivages *idem*, les rebouchages *idem* , les couches de fond, etc. , et, autant que cela se peut, par les mêmes hommes.

(1) Si tous les hommes se rappelaient la mauvaise influence qu'ont exercée sur eux les taquineries de toute espèce auxquelles ils ont été en butte pendant leur jeunesse, ils n'en permettraient aucune en leur présence.

en les plaçant dans les mêmes pièces, attendu que , si , dans le travail , quelques difficultés se sont rencontrées pour les placements d'échelles ou pour toute autre chose , elles ont été vaincues, tandis que d'autres hommes seraient obligés de prendre de nouvelles précautions pour lesquelles on perd toujours beaucoup de temps.

ART. 51.

Dans la distribution du travail , le chef doit donner à chacun de l'ouvrage pour sa journée , afin de ne point avoir à s'occuper, à tout instant, de l'un et de l'autre ; il évitera par là de grandes pertes de temps : en plaçant ses hommes à l'œuvre , il doit les isoler, et prendre ses dispositions pour que l'un ait autant d'ouvrage que l'autre ; c'est le moyen de simplifier sa surveillance et de se mettre à même de remarquer les hommes qui le méritent, afin d'en faire choix.

TITRE IX.

Dispositions relatives aux soins à apporter aux outils et aux marchandises.

ART. 52.

La propreté est indispensable pour l'entretien des outils, mais il ne faut pas généralement la pousser à l'excès , car elle serait non-seulement ridicule, mais encore ruineuse par le temps considérable qu'on passerait à polir les choses qui n'ont besoin que de propreté.

Le moyen d'être toujours très-propre dans ses opérations, c'est, à l'instant où l'on vide les couleurs d'un pot dans un autre , d'y passer un peu d'essence , et de l'essuyer; si on avait cette précaution , les vases ne seraient jamais malpropres ; les couleurs n'ayant pas le temps de durcir, ils se nettoieraient sans la moindre difficulté : cette précaution est d'une grande importance pour prévenir toute perte de couleurs.

ART. 53.

Aussitôt que la gelée arrive, il faut descendre à la cave les seaux , les baquets , les couleurs à l'eau et toutes les choses susceptibles de geler : dans le cas où il n'y aurait pas de cave pour les serrer, on retirera l'eau des vases, ainsi que celle qui peut se trouver sur les couleurs à l'huile ; on remplacera cette eau par de l'huile dans le vase aux brosses et sur les couleurs, pour qu'elles ne se durcissent pas.

TITRE X.

Dispositions générales et mouvement des ateliers.

ART. 54.

S'il arrivait que, le samedi de la paye, il manquât un ouvrier dans un atelier quelconque, le chef écrira de suite au bureau pour prévenir que l'homme qui a déclaré ses journées, la veille, n'est pas venu travailler. Cette lettre devra être mise à la poste à midi sonnant , heure à laquelle il n'y a plus à espérer que l'absent paraisse à l'atelier. Cette mesure est pour simplifier les comptes et pour éviter toute erreur.

13

Art. 55.

Tout livre sur lequel le porteur est chargé de relever les travaux qui ne nécessiteraient pas la présence du métreur sera remis, le mercredi au soir, au bureau, et repris le vendredi matin : y énoncer le nom de la personne pour qui on a exécuté, et bien désigner la place où le travail aura été fait, l'étage, etc.

Tous les matins, les vitriers doivent faire écrire par le métreur les carreaux qu'ils ont posés la veille.

Art. 56.

Quand on achève un travail partiel ou entier, le chef doit demander le métreur deux jours d'avance, afin de ne causer aucun dérangement aux personnes qui doivent habiter les endroits où les travaux sont achevés.

Art. 57.

Dans toutes circonstances, chacun doit s'appliquer à être bref et clair. Il faut éviter toute espèce de détail sur les désagréments que l'on éprouve pour sortir avec avantage d'une affaire difficile. La grande question est la fin de toute chose.

Le patron sait faire la part des difficultés qui se rencontrent, et apprécier les efforts que l'on est obligé de faire pour se retirer d'un mauvais pas : autant que possible, si les détails sont indispensables, les donner par écrit.

Art. 58.

Généralement, il faut faire en sorte de ne jamais commencer un atelier que quand tous les autres corps d'état de bâtiment ont assez avancé les travaux qui les concernent, pour qu'il n'en résulte pas d'encombrement dans les endroits où l'on travaille ; ce qui occasionne souvent des dégâts et des retards préjudiciables aussi bien au propriétaire qu'à l'entrepreneur.

Le chef doit faire comprendre à qui de droit que, si l'on commence un ou deux jours plus tard, les choses n'en seront pas moins terminées pour l'époque convenue.

Art. 59.

Dans l'hiver, à l'époque des pluies et des dégels, les murs sont couverts d'eau et empêchent de faire de bonne peinture : messieurs les chefs devront prévenir les ouvriers sous leurs ordres que les travaux sont suspendus momentanément ; que, cependant, s'ils ne craignent pas de faire une course, ils aient à se rendre le lendemain à l'atelier, et que, si l'humidité a cessé, ils pourront reprendre leurs travaux. Le chef ne fera cette proposition qu'autant qu'il y aurait espoir d'un très-prompt changement de temps.

Du mouvement des ateliers.

S'il est de la plus haute importance de ne déroger à aucun des articles du présent règlement, il y aurait désordre et confusion générale si MM. les chefs s'écartaient des dispositions indispensables qui suivent.

Art. 60.

Lorsque l'on prend possession d'un atelier dont les travaux doivent durer un certain temps, il arrive généralement que les autres corps d'état n'ont pas terminé les leurs ; dans ce cas, bien que le chef pourrait occuper plusieurs ouvriers avec lui, il doit néanmoins rester seul, si toutefois l'activité qu'exigent les travaux

n'en souffre pas (1) : il doit, aussitôt son installation, faire son rapport sur le nombre d'ouvriers qu'il pourrait occuper avec lui, soit momentanément, soit de continue ; sans cela, le patron, ne connaissant pas l'état des choses, lui enverrait des hommes disponibles par suite d'ateliers finis sur d'autres points, ce qui exposerait le chef à en recevoir un nombre au delà de celui qu'il lui serait possible d'occuper.

Art. 61.

D'après la célérité que nous apportons dans les travaux, il arrive souvent que, pour ceux qui sont en cours d'exécution, il se trouve y avoir un plus grand nombre d'hommes qu'il n'en faut réellement, et qu'on pourrait, sans inconvénient, en détacher plusieurs pour donner un coup de main ailleurs : c'est donc au chef à en prévenir le bureau, pour qu'on sache où les prendre au besoin ; il en indiquera le nombre et donnera leurs noms : si son offre n'est pas immédiatement acceptée, elle sera toujours considérée comme existante, à moins que, par un nouvel avis de sa part, il ne l'ait fait cesser.

Art. 62.

Dans tous les cas possibles, lorsque le chef est sur le point de finir un atelier, il doit en prévenir au bureau par un rapport, au moins trois ou quatre jours d'avance, en indiquant le nombre et les noms des hommes qui seront disponibles, soit en même temps que lui, soit avant lui : fût-il même seul, il ne doit pas moins prévenir du jour où il va se trouver en disponibilité.

Après avoir prévenu le bureau de la disponibilité de ses hommes ou de la sienne, si de nouveaux travaux sont ordonnés par les personnes de l'endroit où il travaille ; il devra immédiatement en faire son rapport au bureau, pour que le patron prenne de nouvelles mesures en conséquence.

Art. 63.

MM. les chefs n'accapareront jamais les outils, tels qu'échelles, seaux ou vases de toute espèce, ils n'en garderont dans leur atelier que ce qu'il leur en faut ; ils doivent même, dans un atelier qui se trouverait suspendu, prévenir, par un rapport, qu'ils peuvent momentanément en disposer d'une telle quantité ; s'ils n'en agissent ainsi, ils doivent comprendre que ce serait apporter des retards dans d'autres ateliers où le besoin de ces outils se ferait sentir.

Art. 64.

Les précédents articles ont un double but : d'abord, d'avoir constamment des outils en magasin, de former une réserve d'hommes pour en porter au besoin sur les ateliers dont les travaux pressent, et, en outre, d'éviter de faire embaucher des ouvriers, souvent pour trop peu de temps, ou d'en faire remercier qu'il faudrait rappeler presque immédiatement après, ce qui est fort désagréable.

MM. les chefs comprendront toute l'importance de ces mesures, car ils savent que leurs rapports ont pour résultat de présenter au patron, sur le tableau du *Mouvement des ateliers*,

---

(1) Le patron approuve beaucoup les chefs de ce que, dans les travaux pressés, ils ont égard à l'encombrement général, et de ce qu'ils dirigent leur affaire avec adresse, sans gêner les ouvriers des autres corps d'état ; il ne les approuve pas moins de ce que, dans les encombrements, ils apportent toujours cet esprit de conciliation qui est le guide de tout homme raisonnable.

affiché dans le bureau, l'ensemble des besoins journaliers et de le mettre à même de les combiner de manière à pourvoir à tous sans perte de temps.

Art. 65.

Lorsque le chef a quelque rapport ou quelque demande à faire, il doit lire avec la plus grande attention le présent article, qui n'est, en quelque sorte, que la récapitulation de tout ce qui précède, et ce dans le but de prévenir tout oubli de sa part et de ne pas multiplier inutilement les ports de lettres. Ses rapports et ses demandes consistent

1° A prévenir s'il a besoin d'hommes, immédiatement et indispensablement, et à en indiquer le nombre ;

2° S'il a des hommes de trop, prévenir du jour auquel ils seraient disponibles (*en indiquer le nombre et les noms*);

3° Si, au besoin, il pourrait en occuper (*indiquer le nombre et pour combien de temps*) ;

4° S'il peut disposer de quelques hommes au besoin, et pour combien de temps (*en indiquer le nombre et les noms*);

5° S'il a besoin du peintre de marbre — du fileur — du peintre de lettres — du colleur — du frotteur — du badigeonneur — du vitrier — du doreur — du métreur;

Il indiquera la nature de chaque travail, et combien de temps chacun peut en avoir à faire ;

6° S'il a des outils de disponibles, en indiquer la nature et le nombre ;

7° S'il a besoin de marchandises soit immédiatement, soit prochainement ;

8° Quel jour il pense finir ses travaux ;

9° S'il faut déménager son atelier, en indiquer le jour et l'heure.

10° Ses demandes de marchandises, ainsi que ses rapports, doivent être mis à la poste de manière à ce qu'ils arrivent au bureau au plus tard à midi ; autrement, il lui en sera fait reproche, et il ne pourra rien recevoir que le surlendemain, attendu que les dispositions de l'administration ne permettent pas de faire autrement.

Par cette même raison, lorsque, le lundi, MM. les chefs, en venant au bureau changer leur feuille d'atelier, font leur demande en marchandises ou de toute espèce, ils doivent s'attendre à ce qu'il ne pourra y être fait droit que le surlendemain.

Il est inutile de dire que le chef doit toujours profiter des occasions qui se présentent pour correspondre avec le bureau, si toutefois elles n'apportent aucun retard à la réponse de ses demandes,

Lorsqu'il aura lieu de correspondre avec le bureau, il devra toujours énoncer la quantité d'ouvriers qu'il occupe.

Le premier jour que des ouvriers sont embauchés pour travailler à la maison, le chef à qui ils sont envoyés doit, par occasion, faire un rapport, au bureau, de leur présence au travail, avec indication de leur nom de famille et de leur adresse.

Art. 66.

Tous les vendredis, veille de paye, le chef dressera son rapport de journées sur la feuille à ce destinée, en se conformant en tous points aux observations imprimées dans la marge de cette feuille.

Art. 67.

Nous n'avons pas cru devoir établir aucun article relatif au lundi : il eût été blessant pour nos ouvriers, qui, de tout temps, ont compris, comme nous, que ce jour est consacré au travail.

L'introduction d'un article ayant rapport aux demandes de *pourboire* (1) n'était pas non plus nécessaire : nos ouvriers ont également compris que ces sortes de demandes sont non-seulement humiliantes pour celui qui les fait, mais encore offensantes pour les personnes auxquelles on les adresse ; ils sont, d'ailleurs, assez pénétrés de leur dignité d'homme pour savoir que tout doit leur venir du travail.

Lorsque des maladies ou des malheurs imprévus les mettent dans la nécessité d'accepter les secours qui peuvent leur être offerts par une douce philanthropie, n'est-ce pas déjà assez pénible pour eux, sans qu'ils aillent s'abaisser à demander, en quelque sorte, l'aumône, quand ils sont en pleine vigueur et que les travaux ne leur manquent pas?

Nous conviendrons, néanmoins, que, entre un pourboire demandé et une gratification généreusement offerte par le propriétaire satisfait, la différence est grande ; aussi ont-ils compris que, dans cette circonstance, refuser serait manquer au respect dû à la personne : une munificence n'est point une charité, mais un honorable témoignage de satisfaction : ils l'acceptent alors avec reconnaissance, mais pour en déposer le montant dans la caisse de la Société des secours mutuels qu'ils ont formée entre eux, convaincus qu'ils sont qu'une telle destination ne peut qu'être approuvée par celui qui donne, sans jamais humilier celui qui reçoit.

(1) On a dû voir, page 1, que nous avons changé ce mot en celui de *gratification.*

Paris, le   1841.

FIN DU RÈGLEMENT.

P.-S. Nous profitons de la circonstance où il est question de la Société de nos ouvriers pour leur exprimer notre opinion sur quelques modifications qu'ils feraient peut-être bien d'apporter à son règlement.

Par exemple, ne serait-il pas plus grand et plus généreux que cette philanthropique association fût fondée à perpétuité au lieu de n'être que temporaire, sauf à introduire dans le règlement une clause qui déterminerait les droits des héritiers au moment du décès d'un sociétaire?

Ne serait-il pas convenable aussi d'insérer un article pour régler les versements des gratifications dans la caisse sociale? L'article 29 des statuts y oblige chaque membre, et chacun s'en acquitte fidèlement ; mais, comme quelques-uns des ouvriers qui travaillent à la maison ne sont pas sociétaires, nous pensons qu'ils devraient néanmoins verser à la caisse sociale les gratifications qu'ils reçoivent : car on doit considérer ici que la générosité du donateur se manifeste d'autant plus volontiers, qu'il suppose que ce qu'il donne tourne au profit de tous ; or ses intentions ne seraient pas remplies si celui à quel le don est offert le considérait comme lui étant personnel.

Nous sommes donc d'avis qu'il serait juste que toutes les gratifications reçues fussent indistinctement versées à la caisse sociale, et que, lors d'un accident ou d'un moment de détresse imprévu, il fût voté un secours, par le conseil de famille, à l'ouvrier non sociétaire qui aurait travaillé un temps déterminé à la maison ; ce secours , qui serait pris sur les gratifications versées par les non-sociétaires , viendrait augmenter d'autant les souscriptions qui pourraient être faites en sa faveur. Qu'on se rappelle que, à l'époque où la Société s'est formée, une vive sympathie s'était emparée de ses membres au point qu'ils ouvraient des souscriptions en faveur des ouvriers non sociétaires pour la moindre indisposition , sans même s'assurer s'ils avaient des besoins réels et s'ils accepteraient (1). Malheureusement, tout ce qui se fait par enthousiasme n'a pas le mérite de la stabilité ; et c'est pour avoir voulu faire les choses trop largement, dès le principe , qu'on s'est ensuite ralenti quand il a fallu revenir à la récidive. Nous croyons 'que MM. les sociétaires feraient très-bien de réchauffer un si beau zèle, mais aussi d'en régler l'exercice par la prudence. On devrait d'abord ne proposer ni accorder de souscription que dans un cas d'urgence : d'ailleurs, tout homme qui a le cœur bien placé ne s'exposera jamais à être, sans un motif réel, à la charge de ses camarades. Au surplus, nous estimons que, avant de faire aucune souscription, le conseil de famille devrait inviter deux ou trois sociétaires, auxquels s'adjoindraient deux ou trois ouvriers des plus anciens de la maison , et non sociétaires, pour se transporter auprès de celui en faveur duquel on se proposerait de faire quelque chose, afin de savoir de lui-même de quelle manière il accueillerait les dispositions de ses camarades.

A l'époque où ces souscriptions avaient lieu , on avait crû convenable de fixer à chacun la somme qu'il devait verser. Nous n'approuvons pas ce principe, nous pensons, au contraire , qu'on aurait dû fixer à 50 centimes la somme la plus élevée qui aurait été reçue , en laissant toute liberté à chaque souscripteur; car une souscription n'est point une taxe, elle doit être volontaire, et il faut , en outre , se mettre en garde contre sa propre générosité, afin de se réserver la faculté d'être généreux plus longtemps.

(1) Neuf de ces souscriptions ont produit 503 francs 90 centimes.

IMPRIMERIE BOUCHARD-HUZARD, RUE DE L'ÉPERON, 7.

RECUEIL DE NOTES
sur

LES ABUS INTRODUITS DANS LA PEINTURE EN BATIMENT,

AINSI QUE DANS LA DORURE, LA TENTURE ET LA VITRERIE.

TABLE DES MATIÈRES.

AVERTISSEMENT.

PEINTURE.

DORURE.

Observations sur la Dorure.

Des différentes qualités et des couleurs de l'or. —
Quel est celui le plus généralement employé dans le
bâtiment. — Dimension des feuilles d'or. — Moyen
de reconnaître la qualité de l'or employé. — De l'importance des apprêts pour la beauté et la solidité de la
dorure.— Moyen employé pour apercevoir les défauts
de la dorure.

Dorure mate à l'huile sur parties unies et sur parties
sculptées.—Différentes manières de faire cette dorure.
—Moyen de reconnaître les couches de teinte dure. —
Économies que l'on peut y faire.

Dorure mate et brunie à l'eau sur parties unies et
sur parties sculptées (avec réparage des sculptures).—
Nature de ses apprêts et son exécution.

Dorure mate et brunie, à l'eau, dite à la grecque
(sans réparage de sculptures).—Nature de ses apprêts
et son exécution.

Dorure mate à l'huile, mêlée de parties brunies, sur
parties unies et sur parties sculptées (avec réparage des
sculptures).—Nature de ses apprêts et son exécution.

Mode de Métrage
ET D'ÉVALUATION DE LA DORURE.

FIN DE LA TABLE.